跟誰都能一起工作

savvy

dealing with people, power and politics at work

如何搞定職場野蠻人、權謀家、白目者、和大明星

珍・克拉克 Jane Clarke｜著
吳國卿｜譯

推薦序

對我來說，任何人在商場上使用「政治」這個詞，都會讓我避之唯恐不及。但實際上本書談的完全與「政治」無關，這只是職場上的用語罷了，本書談的是精通職場上有益人際關係的經營，以及讓你職涯順利、個人快樂和事業成功所需的知識。

我離開大公司的職涯，創立自己的事業，是因為我不善於應付辦公室「政治」。當時我對這方面一無所悉，完全不知道如何善用它。要是當年我有這本書多好！

在後來擔任哈維尼可斯公司（Harvey Nichols）創意總監的歲月裡，我大部分時間用在遊說上。我是創意的發想人和改變的推動者：那是我的職責——但董事會完全靠共識做決定。我以為只要有願景，只要登高一呼，其他人就應該和我所見略同。但現實並非如此。雖然我在那個職位，卻沒有發展創意，而只是遊說。但我不應該與制度對抗，反而應該善用遊戲規則。

我自行創業十五年、製作了許多檔電視節目並承接一個政府專案後，終於可以很肯定地說，協商是永遠少不了的過程。操作政治的步調緩慢得令人痛苦，每次想到它就讓我胸口緊縮。

現在我有五十名員工為我做事，而我就是用這種方式與他們共事，他們也一定是這樣與我共事。

經常有人告訴我「這是個瘋狂的想法」，但真正瘋狂的是，我對自己有十足的信心，讓我能堅持這麼做。我以前就做不到，不是嗎？如果當時我手上有這本書，我的做法會不會不同？

本書就像企業治療法——像讓一位真正關心你的治療師好好為你療癒。它幫助你瞭解善用政治最重要的是調整工作時的行為，以便發揮你和其他人——上司和團隊——最大的力量。

本書談論的是學習如何做好你的工作，最重要的是，讓你樂在其中。本書談的是知道你的優點，並讓你的四周圍繞著能強化你優點，並補足你缺點的人。對身處領導職位的人來說，最重要的技巧是保持和諧與專注，以及平衡其他人的精力。這都是十分關鍵的能力；我真希望更早就學會這些。你不會赤身裸體走上大街，所以也別毫無準備就走進辦公室！仔細閱讀本書。

英國零售專家　瑪麗・波塔斯（Mary Portas）

前言

艱困的日子會養成壞行為。一項在全球金融危機最高點時做的非正式調查顯示，接受訪調者幾乎一〇〇％注意到工作場所裡的政治操作升高了。你可能說這是免不了的事：辦公室政治向來在變遷時期會更加活躍，尤其是人們感到害怕時——以及失業升高、緊縮措施，和全球金融不確定性讓工作環境動盪和惡化時！

工作方法的改變也助長這種情勢。科技便利讓我們能隨時與世界各地的許多人溝通：其結果之一是錯誤的規模也爆炸性的擴大。有多少人曾經在錯誤地轉寄出一封電子郵件後，感到尷尬不已，或沒有事先檢查原始收信人是誰就「回覆所有人」？更糟的是，有負面動機的人現在可以利用科技來做壞事。網路霸凌愈來愈猖獗：人們的生活和職涯可能被網路上張貼的資訊所摧毀——追究犯罪者的能力卻很有限。我們近來研究的發現分散於本書各章節，但有一項值得在前言中就提出來：在我寫作本書時，有超過三七％的人表示，他們在過去一年內曾目睹工作場所裡的霸凌。身為職場顧問，我的同事和我更親眼看到過去幾年來霸凌、欺騙和操縱的案例大幅增加。

因為這些改變，我們可以公允地下結論說，精通政治的重要性已水漲船高。主管人才仲介業者做的研究早已確認，精通政治是攀登企業階梯的關鍵技術。問題是許多人不具備這種技術——而且有些人說不想擁有它。因此挑戰在於建立一套在企業中獲致成功、而不犧牲價值或正直的方法。由於我向來不善於政治操作，這對我來說還更加困難。事實上，我甚至可能說我毫無這方面的天分！在我以前任職的公司——一家大型金融服務集團——我總是為不合時宜的說話或行為而惹麻煩，並且經常得為我的行為負責。在我決定離開並加入一家顧問事業時，我當時的上司給我的離職禮物是，忠告我的新老闆必須教我怎麼拿捏分寸。雖然那讓我很不開心，但也給了我動機去開始瞭解辦公室政治的藝術，辨識哪些人是高效能的辦公室政治家，以及精通政治需具備哪些條件。

我嘗試在本書中，針對這個主題建構一套積極而務實的方法，並提供一本手冊給想深入瞭解辦公室政治、以及如何創造成果的人。本書是為想精通辦公室政治、而不想違背其價值或正直的人寫的。當然，政治手段永遠有被濫用的危險——不管是故意或無意的。但我期望在發生這種情況時，讀過本書的人將有能力對抗、因應，或至少瞭解發生了什麼事——也瞭解我們所處的商業世界正在尋求一種新的行事標準，因為舊的標準未能避免二〇〇八年銀行危機，而且也阻礙人們創造一個較無害的工作環境的努力。

Contents

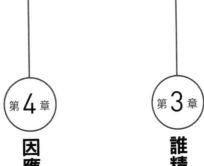

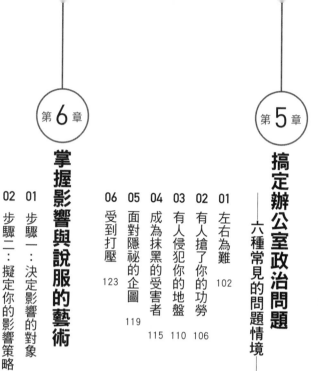

第5章 搞定辦公室政治問題
——六種常見的問題情境——

第6章 掌握影響與說服的藝術

第7章
瞭解並處理衝突

第8章
處理破裂的關係

第9章 管理你的上司

第11章 善用人際關係

（1）人際網絡的重要性

（2）檢視你的人際網絡

（3）強化你的人際網絡

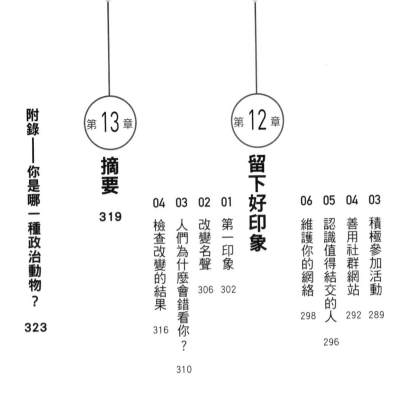

第1章

什麼是精通政治？

精通政治的定義——

瞭解並善於利用權力的運作、組織和決策，以達成目標。

——美國衛生及公共服務部

01 一般人如何看待政治？

從字典查「精通」（savvy）這個詞，你將發現像「常識」、「社交能力」、「認識」和「能力」等解釋。但究竟是做什麼的能力？展現精通能力的人有奇特的本事，可以預期問題和困難的所在。他們似乎知道即將會發生什麼。當挑戰來臨時，他們會很快且精確地判讀情勢，知道該如何因應：他們會與當事人談話，並採取必要的行動，安撫利害相關者，同時一面解決問題。

就本書的目的來說，我們定義的「精通」為有效率地處理工作場合的「政治」（politics）。因此我們必須先探討「辦公室政治」（office politics）究竟是什麼。有一點很明確：辦公室政治常被視為壞事。例如，大多數參與我們調查的人說，一個所謂的「政治動物」（political animal）會：

- 爭搶功勞——不管他們有沒有真正的貢獻。
- 當出問題時，絕不讓過錯落在他們身上。
- 與人競爭不擇手段，不管「敵人」是為其他公司工作，或是坐在隔壁辦公室的同事。
- 對上司極盡巴結逢迎，對待下屬卻不假辭色。
- 絕不讓客觀的事實阻礙他們追求職場晉升的權謀。

有趣的是，當人們被問及辦公室政治時，絕大多數人的看法是，玩弄政治是別人才會做的事！總之，這是一件負面的事。但真的是這樣嗎？這當然得視情況而定。「政治」這個詞源自古希臘文的城邦（polis），指的是組織的結構，用來在多元化、不時發生衝突的社會中協助建立秩序。但這可以用來描述所有社會嗎？或者，這也適用於大多數組織嗎？

這引發一個問題：是不是所有組織都很「政治」？想想你的公司，並回答下列的問題：

● 財務緊縮嗎？
● 公司位階較低者的工作負擔比上層主管重嗎？
● 有些人的「影響力」似乎超過他們在食物鏈裡的位階——而且超過相同位階的其他人嗎？
● 有些人對公司裡發生的事總是比其他人更消息靈通嗎？
● 員工的利益不一致嗎——包括公司或個人的利益都如此？
● 決策往往透過非正式管道達成嗎？

如果這些問題的答案有一個是肯定的——要是全部就更不用說——那麼你的組織就很「政治」。絕大多數公司至少在這六個問題會有五個肯定。確實有人說，如果有兩個人跟同一件事有關，就必然牽涉到政治，因此政治如何運作必須善加處理。

因此，辦公室政治是生活的現實。但它一定是負面的嗎？當然，大多數字典的定義帶著貶抑和嘲諷的意涵。辦公室政治是某種不光明磊落、不正當的事，是為了達成自己目的，不惜犧牲其他人和組織的目標。但這種看法正在改變：我可以很有信心地這麼聲言，因為我們在相隔十三年前後兩度對這個主題做了調查。在一九九八年，有八〇%的受訪者認為，辦公室政治的破壞性大於建設性。到二〇一一年，這個比率已下降約一半，換句話說，超過六〇%的人認為精通政治已變成愈來愈重要的技巧——如果談到有關職涯進階，這個比率更是大幅提高到七四%（其中抱持這種看法的男性比女性更多）。如果你再看有六〇%的人認為政治操作愈來愈普遍，你將得出精通政治已變得極其重要的結論。

就辦公室政治的定義來說，一般人的看法也已經改變。在我們前一次調查中，回應者通常使用像操縱、玩弄、勾心鬥角、耍手段、扯後腿、抹黑、霸凌、打太極拳、拍馬屁、說壞話、爭功諉過等詞句來形容政治。今日人們已擴大辦公室政治是什麼的觀念：七一%的人同意那只是把事情辦好的非正式方法，有別於正式的做法。當然，辦公室政治得私下做、不能太招搖的假設，已廣被接受，正如有人這麼形容：

> 隨著組織變得日益複雜，定義也更加寬廣。最早是負面的——人們為達自己的目的而玩弄手段，如果做得漂亮，等其他人知道時已經太遲了。現在這幾乎已變成做事情不可或缺的部分。人們假設這是做事少不了的手段，而且有時候可以是正面的，如果你瞭解自己

身處的競爭情況必須如此，也知道必須和誰交手、要爭取誰的支持、阻礙會出現在何處。

有趣的是，雖然七一%的人同意政治是以非正式（不同於正式）的方法達成目的，但也有很高比率的人認為它是：

- **言行不一致：四七%。**
- **在背後撥弄是非：四六%。**
- **出於個人利益，不必要地為別人做事：三八%。**

顯然負面的含意還沒有完全消失。只有二七%的人認為，「協力合作」和辦公室政治有關係！

所以這是新人訓練課程沒有教你的東西——你職務說明以外的運作，必須靠你的機警來逐一領會，看專家怎麼做，學習如何判讀跡象。但是不只如此，辦公室政治意味獲得並利用權力以達成你個人的抱負。這種操作可能具有建設性，也可能有破壞性。它的驅動力可能是無私地關心整體公司的利益，也可能是純粹自私的動機；一方面是為公，一方面則完全為私。你必須判斷一個人是否利用制度來為組織創造績效，或只是為了追求私利。看表1.1。

表中左邊的評論是對辦公室政治的負面想法，右邊則呈現對同樣情況的不同看法。人們會根據自己的立場和心態，對事情做不同的詮釋。

表 1.1

對政治的負面看法	一般人對政治的看法
她很愛操縱	她很懂得影響別人
他們的團隊很愛搞政治	我們只是想把事情做好
「各個擊破」是這裡的遊戲規則	某種程度的內部競爭具有激勵性
小道消息充斥	我儘量蒐集各種訊息，必要時也分享給別人
這裡能升遷的都是老闆的愛將	能升遷的都是幫助老闆和團隊達成目標的人
重要的不是你懂什麼，是你認識誰	建立業務上的人際網絡很重要
他們正在密謀什麼	我等不及想知道公司的新方向

02 為什麼人們對政治的看法不同？

你會抱持某種觀點的原因可能各不相同：

- 你是受害者，或加害者？
- 你是局內人或局外人？
- 你認為政治是生活的現實，或不必要的罪惡？
- 你擅長政治，或者那不是你的長處？
- 你的公司是理想的工作場所，或是一個可怕的地方？
- 你周遭有許多人愛搞政治，或只有很少人？

這些問題將在下面各節中深入探討。

「我是受害者」vs「我是加害者」

首先，你被視為辦公室政治的加害者或受害者？如果你或你的團隊是挑起政治的一方，你很可能對你在事件中的責任很寬宏大量，而旁觀者或被迫接受者往往有負面的感受。不過，必須分辨清楚的是，你可能是無意中造成事端。換句話說，你可能是無意加害別人的加害者——甚至你根本不知道！例如，你決定不想費心告訴一大堆人你準備要做什麼，因為你時間緊迫，或因為他們真的「沒有必要知道」，然而你的疏忽導致事情出了差錯，你完全稱不上是玩弄權術，但很可能你已經惹惱了一堆人。對照之下，你可能很清楚你即將造成什麼傷害，但認為你的行為理由充足，因為是其他人自找的，或因為不是他們受害就是你受害，或因為你幸災樂禍——或種種其他理由。我們可以說，你對任何情況的感覺將取決於你是受害者或加害者——以及你這麼做的動機。

「我是局內人」vs「我是局外人」

感覺自己是A團隊或B團隊、局內人或局外人、核心或周邊，這在組織裡很常見。大多數上司在他們職涯的某個階段都會被批評循私或偏袒。如果你不認為自己獲得上司的關愛，你可能抱怨辦公室裡有人搞政治，感覺自己處於劣勢，甚至是受害者。從你的觀點看，你可能覺得有同事貢獻比你少、績效比你差，卻不斷受到不應得的褒獎。主管特別注意某個人當然是可被接受——甚至可取——的行為，例如注意團隊的新成員，或面對特定挑戰的人，只要這種注意也能定期輪換到其他人身上，讓大家也能「曬曬太陽」。

當談到整個組織裡的政治時，這些考量還適用於更廣的層面。決策是在哪裡制定的？你必須跟誰打交道以便真正參與其中？真正的權力在誰手中？不在總公司工作的人經常感覺位處權力邊陲而居於劣勢，他們往往與高層的指令抗衡，感覺沒有人徵詢他們的意見，也因此不清楚上級要求他們做事的原因。他們不瞭解用什麼方法做最好，也難以認同高層的價值。權力就在核心——感覺就是如此——而有人可能渴望成為其中一份子，有人卻對抗它。

「政治是生活的現實」vs「政治是不必要的罪惡」

第三個因素與對辦公室政治的看法有關。多年來我為想更精通辦公室政治的人舉辦數百場研習會，大多數人自願參加這個課程，所以你可以說許多人真的想改變。但真的如此嗎？大多數人在課堂上會說，他們對辦公室政治深感憎惡，如果有選擇的話，他們絕不會跟政治有任何關係。這些人中有許多在公司的考評中獲得負面的評價，大多是陷於忍氣吞聲、期待工作表現能證明自己的能力、未能建立良好形象，以及無法開拓人際網絡。這些人承認評價很正確，但在某些方面卻不願改變，因為在他們看來，改變意味犧牲他們的價值：那違背他們對自己的評價。

這聽起來似乎不言而喻，但許多研究清楚地指出，那些瞭解政治的重要性並善加利用的人，也最能以積極和有建設性的觀點來為組織做事。不願意與政治有所牽扯、甚至無法忍受想到政治的人，把辦公室政治視為具有破壞性和毫無益處。這些個人觀點無疑的與落於表1.1的左邊或右邊欄位有關聯。有趣的是，我們近日的調查顯示，雖然七〇％的男性自認精通辦公室政治，女性的比率卻低許多：只有五〇％。調查的結果也顯示出這種性別差異可能的原因，我們稍後會再談到此一主題。

「這是我擅長的事」vs「這不是我的長處」

顯然心智和態度會影響你準備花多少精力在政治上，它們也決定你在操作政治上會有多成功——也就是你是否能精通政治。說服、建立人際網絡和促成事情，對有些人做起來很自然，他們真正享受工作的人際面，他們從觀察和影響別人的行為得到許多樂趣。而對其他人來說，這只是苦差事：他們既未樂在其中，也不擅長這種事。

「這是理想的工作場所」vs「這是可怕的地方」

另一個因素是組織的氣氛。有許多負面政治運作的公司往往顯露士氣低落、缺乏信心和不開放的特徵。在這種環境下，人們比較不信任彼此的動機，會有「我們和他們」的區隔，謠言滿天飛。但不要受到誤導：辦公室政治在開放、有互信氣氛和士氣高昂的公司依然存在，不同的是這類政治行為被描述得較正面——例如積極影響決策、更有效的溝通和建立網絡。

「這裡沒有多少人愛搞政治」vs「這裡很多人愛搞政治」

最後一個因素與問題的程度有關係——周遭究竟有多少破壞性的政治運作？我們已經定義辦公室政治就最廣的層面來說，是所有組織都存在的活動，但並不是所有組織的政治運作的程度都一樣，有些更容易有負面的政治。

03 為什麼有些公司比較政治？

政治運作程度較高（可能問題也較嚴重）的公司可能有比較多下列的情況：

- 上層的競爭過於激烈
- 目標曖昧不清
- 結構較複雜
- 績效缺乏明確的定義
- 改變幅度大
- 有權力者拒絕改變
- 懲罰式的文化
- 資源有限

● 擔心工作不保

瀏覽這份清單就不難發現，這些因素比較容易在動盪和艱困的時期出現；這是今日組織政治運作氾濫的原因之一。讓我們進一步探究。

高層的競爭過於激烈——「為什麼他們水火不容？」

雖然位居企業最高層的人往往感到很訝異，但普遍而言，所有人都很清楚主管階層的緊張、嫌隙和競爭。人們會公開談論X和Y彼此不和的事實，而且往往變成笑談的話題。這顯然會導致一些問題。員工會被要求表態站在哪一邊，以展現他們的忠誠，最後會在組織下層間也製造出競爭。更進一步說，這些緊張不可避免地會導致對公司整體策略和方向的混淆。利益和個性衝突可能變得很普遍，領導階層的可信度下降更不在話下。不過，這類主管衝突往往有一種「正面」的連鎖效應——底層的員工會團結一致對抗他們認為的「共同敵人」——領導團隊。當然，這種團結沒有什麼好處，所以最好是高層的人本身能夠團結。

曖昧不清的目標——「我們的目標是什麼？」

確保人人清楚瞭解他們他們該達成什麼目標極其重要。這聽來理所當然，但你會驚訝有多少組織缺少明確的目標——員工只好做各自認為最好的事。當環境改變不大時，這還勉強過得去（雖然難以提振士氣），但在複雜多變的市場，人人都有定義明確的目標則不可或缺。如果目標不明確，大家便各行其是，有些人一有機會就會改變目標來遷就自己的目的。經理人很容易各據山頭，部門之間的衝突更在所難免。

複雜的組織——「誰該做什麼？」

任何會製造含糊不清或重疊職權的組織結構，都可能引發高度的政治運作——不管是建設性或破壞性的——這完全是環境使然。長期以來，矩陣式的結構變得愈來愈普遍，但很少人用心讓這種結構在實務上發揮功效。許多人發現他們有兩個上司，甚至三個或更多，而且經常感受掌權者意見分歧的威脅。當然，目標含糊不清的風險也如影隨形。也因為如此，個人競逐權力和影響力很常見。當結構很複雜時，成功就需要更多協商和合作

——以及真正能調和不同要求和優先順序的能力。

績效缺乏明確的定義——「如何才能成功？」

與此相關的是，當你不清楚必須做什麼，甚至不知道如何得到好考績時，政治運作程度將因而升高。當這個程序缺少客觀性時，人們別無選擇，只能追逐自己的成功，吝於對他人有所貢獻。取悅上司也變得更重要：投資時間在迎合上司、以及上司的上司，總是有好處。金融危機剛開始時，一家國際投資銀行宣布，在艱困的環境下，它將放棄既有的績效管理程序。員工再也不必彼此提出回饋意見，達成目標的考核程序將在年底時暫停，個人貢獻的評量將留給經理人自行裁奪。結果如何？負面的政治運作急遽攀升，有些人完全放棄，士氣進一步下滑。許多人發現自己遭到不擇手段的同事加害。過去大家對公司考評和獎賞的方式如果不認同可以提出申訴，現在完全無能為力。

透明的報酬和獎賞制度，以及誠實和明確的職涯規畫，對降低這類負面政治操作和確保公司唯才是用極為重要。

高層的改變——「到底怎麼回事？」

在本世紀初始的十年，我們目睹史無前例的大改變——而改變會帶來恐懼、不確定性和混沌不清。不管是身為員工或大眾，沒有人能倖免這場全球金融危機的影響，而這可能是政治操作大幅增加（正如我們的調查發現六〇%的人的做法）最主要的原因。有趣的是，在危機最高峰時，這個比率甚至超過九〇%；然而當世界開始探究事情來由時，情勢變得日益明朗，政治操作氾濫的感受也隨之下降。不過，操作的程度仍然很高，因此精通政治仍是職場的重要技巧。

掌權者拒絕改變——「為什麼他們不再是表率？」

位處高階職位的人一舉一動對員工有大得不成比例的影響；員工注意他們說的每句話和做的每件事，仔細觀察隱藏的含意。傳達的訊息會受到檢視，錯誤很快會被發現。觀察者可能在尋找跟隨的線索，或只是存心批評領導階層。不管是哪一種情況，注意可能達到偏執的程度。當握有影響力的人拒絕遵循公司路線時，可能引發組織上下的政治鬥爭。員工會抱怨心口不一和虛偽，嘲諷公司的價值只是空口白話。而正如我們前面提到，這可能導致不同團隊的敵對、董事會上演具有破壞性的權力遊戲，以及士氣低落的員工抱著看好戲的心態。

懲罰的文化——「為什麼怪我？」

當組織嚴厲對待績效不佳，或喜歡以公開員工的失敗來警告其他人時，人們會被迫小心翼翼掩飾行為，以確保萬一出差錯不會追查到他們的過錯。電子郵件已變成不可或缺的工具；最善於規避責任的人通常堅信要避免留下「稽核線索」。他們期待可能發生的問題，並以電子郵件、副本（必要時也以密件副本）來證明問題與他們無關。當這個策略失效時——百密總有一疏，偶爾會如此——這些人早已準備好代罪羔羊。懲罰文化提供孕育政治動物的溫床。

有限的資源——「我們怎麼可能達成這種要求？」

當團隊必須爭搶人手和預算時，他們需要運用政治影響力，以確保他們的工作被視為組織的優先要務。

擔心工作不保——「為什麼是我們？」

在本書寫作時，美國從歐巴馬總統上任後有六百萬個員工丟掉工作。在英國，失業率達到十七年來最高水準——年齡十六到二十四歲的人有超過一百萬人首度失業。人們因為擔心可能失去工作而必須保護自己。他們坦承可能做出正常情況下做了會感到不安的事——其中包括負面的政治操作。

別忘了，人們可能不以嚴肅的方式使用「辦公室政治」這個詞，把它當做不滿的同義詞。他們往往對公司內「政治運作」的程度感到驚訝，但他們描述的是組織運作中無可避免的成分，因為組織總是存在衝突的目標、競爭的優先順序、不同的風格，以及並行的正式和非正式機制。我們必須儘可能以客觀的方式觀看情況，以及檢視你的立場和對事件的詮釋。一位大型製造商的工廠經理人被拔擢到總公司辦公室，他無法相信辦公室政治嚴重的程度，但實際上他只是還不習慣。他描述的是企業的現實，而需要做的是積極、有建設性地學習與之共存，而不要變成受害者。

04 精通辦公室政治需要哪些技巧？

那麼處理辦公室政治——包含正面和負面的政治——需要哪些技巧？一些參與我們二〇一一年調查的人表示，這種技巧和行為包括：

- 「影響和建立關係——以及迂迴通過困難的障礙和階層。我很注意誰是決策者、關鍵的有影響力人士，以及利害相關者。」
- 「知道誰是幕後的控制者，避免踩到別人的腳和不讓別人越線。」
- 「辨識盟友和敵人。」
- 「瞭解不同背景、不同的目的，和組織內部同仁的不同個性。」
- 「保持眼觀四面、耳聽八方，然後問正確的問題。」

●「展現情緒智商。」
●「打探以瞭解別人的動機。」
●「瞭解他人的人際關係，以分辨盟友和不同陣營。」
●「調和差異。」
●「提升你的能見度和地位，確保人們知道你能為其他人做什麼。」
●「讓他人基於正確的理由而注意你。」
●「瞭解背景和來龍去脈，讓你明白決策的原因，以及決策的過程。」
●「察覺有哪些政治操作，以便你可以選擇是否採取對策。」
●「善用判斷，以確保你採用合適的行為，以獲得正確的結果。」
●「不利用政治手段傷害他人。」

回到本章初始的定義，一個展現精通能力的人能瞭解並利用權力、組織以及決策的運作，以達成目標。

05 小結

因此，總結而言，辦公室政治可以定義為非正式（相對於正式）地把事情做好的方法。我們也必須記住，政治操作可能有建設性或破壞性。當動機純正、手段侷限於合理的行為，而且把公司的績效擺在第一位時，辦公室政治可能不致於偏離方向或造成傷害。辦公室裡的政治行為也可能保持在最低限度，因為實際上不需要它。辦公室政治會遭人詬病和批評，其實是因為與上述條件相反的情況造成的結果。

展現精通政治的人，知道權力握在誰手中，瞭解如何為自己和其他人獲得權力，並擁有善用權力以謀求眾人福祉的技巧。當個人為組織或團隊追求成功時，政治就能帶來建設性；反之出於自私或不道德的動機，或使用不正當的手段以滿足個人的野心，政治就會帶來破壞。

第2章

你是辦公室政治受害者嗎？

～四種常見的受害者情境～

如果你自認做得到，或者你自認做不到，你可能是對的！

——馬克・吐溫（Mark Twain）

01 評估你的受害程度

今日世界的政治和金融處於混亂和瞬息萬變的狀態，經濟搖搖欲墜，失業人口增加，不確定性與日俱增。另一方面，科技進步和做生意的方式正在改變人類的生活。組織和人必須不斷順應，而這一切改變最終的影響卻仍未可知。世界各地的人都抱怨改變似乎永不停歇，務實的人則知道情勢不可能恢復穩定。混沌、複雜和快步調的變化將和我們如影隨形。這是辦公室政治滋長的沃土，辦公室的政治家將在這種環境中飛黃騰達。

你會如何因應這種環境？你會把頭埋在沙中，假裝一切都未改變，期盼好事降臨你身上？或者你會冷靜觀察周遭，嘗試盡你所能讓情況變更好？你會抱怨世界有多不公平和沒有希望，或者你會承擔起改善情況的責任？可以確定的是，除非有積極和正面的心態，你無法改變環境。

在討論影響內部顧客時，一位任職於會計部門的中階經理人說：「影響別人在我們的工作中不重要。我們無法影響人。我們完全沒有職權。我們面對的人都很無知，他們不給我們把工作做好所需要的東西，我們一點辦法也沒有。」

這顯然是一位受害者。但這個人不僅限制了自己的影響力，她還為團隊樹立很壞的榜樣。你是辦公室政治的受害者嗎？你現在的周遭有多少政治？你可能不像這位會計經理這麼悲觀，但可能發現自己在某些模棱的情況下是受害者、而非加害者。利用表2.1的檢查清單來評估破壞性的政治是否正影響你。

表2.1

1	你發現有不相關的旁人在談論你。	☐
2	你無法真的信任別人。	☐
3	獲得獎賞的人未必是最有功勞的人。	☐
4	當出了差錯時，人們會很快互相推諉。	☐
5	有許多你不屬於其中一份子的小圈圈。	☐
6	有許多非正式的會議在關著門的房間進行。	☐
7	同事會在別人背後議論是非。	☐
8	大家很容易懷疑做成的決定。	☐
9	大家都懷疑別人的動機。	☐
10	八卦很多。	☐
11	你相信別人搶了你的功勞。	☐
12	你迫於壓力而幫其他人的忙。	☐
13	大家似乎都儘可能擴大自己的地盤。	☐

十三個要點似乎不太吉利！但如果你在近來的工作生活中經歷過其中一項，就有必要檢討為什麼會這樣，和它可能代表什麼問題。本書後面的綱要將可協助你採取積極的方法，認識運作中的辦公室政治，面對帶來的問題，並且改善你影響他人的力量。但你必須先瞭解為什麼你變成受害者。有許多可能的原因，但下列的話是不是聽來很耳熟？

- 「我無能為力。」
- 「我沒料到會發生這種事。」
- 「我沒閒工夫理它。」
- 「我不知道怎麼辦。」

02 情境一：「我無能為力」

想想你組織裡的人，有多少人是真正有所貢獻？或者更具體來說，有多少人會盡心盡力做事？答案可能讓人沮喪。事實上，批評別人的行動和抱怨情況很糟糕，比真正設法改善情況更容易。不只是更容易，如果我們對自己坦白，就會承認批評和抱怨有趣多了。聊八卦和聚在一起抱怨有某種治療效果——而改變情況則需要努力、獨立承擔、從挫折中重新奮起的能力，以及不會消退的樂觀！

還有一些幾近偏執的人，深信這種事只會發生在他們身上；其他人總是有辦法避開它們。而且他們真的相信自己無力解決這個問題——別人有責任解決它，如果真能解決的話。

這兩種反應都是被動的，有這些態度的人往往是真正無力改變環境的人——或者說，至少他們沒有發揮應有的能力來改變環境。

這有幾分是在描述你？你是否抱怨多於接受挑戰？你是否經常找無數理由來解釋你不做某件事、而非說做就做？你是否碰到第一個障礙就退縮，而不尋找輕鬆跨越它的方法？或者你是那種會儘可能掌控並影響情況的人？你可以藉思考下列十個簡短的問題，來看清楚自己的處境。判斷哪一種情況最能正確代表你的情況或想法，然後回答是或不是。

1 你有某些習慣想改變，例如抽菸，但卻做不到？
2 你感覺自己的個性已經因為童年經驗的塑造而根深柢固，所以無法改變它？
3 其他人是否好像總是比較好運？
4 你是否發現事先規劃只是浪費時間，因為總會有事情發生而改變你的計畫？
5 你是否覺得很難對別人說「不」？
6 你是否發現自己老是拖延事情，不肯馬上去做？
7 你是否常感覺是不可控制因素的受害者？
8 你是否發現其他人總是能如願以償？
9 你是否總是在等候別人打電話來，而當電話沒打來時感到被拒絕？
10 你的朋友或同事會希望你承擔更多工作責任嗎？

你對這些問題的肯定答案愈多，你就愈可能是個被動、而非主動的人：你讓事情發生在你身上，而不設法影響和掌控情勢。但即使你的答案把你歸入這個類別，這真的很重要嗎？簡單的說：當然很重要。被動的人除了缺乏影響力外，也較可能感覺受到不斷迎來的事件壓迫；在極端的情況下，他們很容易被焦慮所淹沒（憂慮卻又沒有具體的原因），且經常感覺想逃避。他們甚至會讓自己生病：這就是美國心理學教授席力格曼（Martin Seligman）所發現的「習得性無助」（learned helplessness），是一種已被確認的臨床抑鬱症狀。它的特徵是，不管你做什麼，總是感覺無力改變情況。有這種心態的人較可能成為霸凌和破壞性辦公室政治的受害者，因為玩弄政治者很少以較強勢、較有主見的人為對象。在較不極端的情況下，被動的人往往被認為會削弱群體的力量，因為他們顯得缺乏動力，且抱怨不休。

但被動的人不一定是退縮的人，有時候他們也會表現出「被動的積極」。是的，他們也會大聲表達意見；而且，你知道他們對周遭的情況不滿意。但是，他們很少專注在可以改變環境的行動。

真正主動的人會改變環境——採取最符合情勢所需的方式。這些人往往是讓我們由衷敬佩的人——他們是贏家。他們是努力爭取到最佳職務的人，他們充滿自信，似乎總是能掌控情勢，能處理任何難題。當然，他們冒著被對自己較沒自信的人嫉妒、而非敬佩的風險，但他們通常被視為有積極影響力和能刺激進步的同伴。

柯維（Stephen Covey）在其著作《與成功有約》（*The 7 Habits of Highly Effective People*）中談到「擔心圈」（circle of concern）和「影響圈」（circle of influence）。擔心圈包含一切你可能憂慮、甚至你想到的事。在其中有一個次級的影響圈，包含一些你能直接影響或掌控的事。由於你每天的時間和精力有限，所以你最好把注意力放在可以積極影響的事情上。如果不這麼做，最後你會縮小自己的影響圈，導致「被動」的專注。你可以藉由重新建構自己的想法來變得更積極些。就觀念上來說，這是一套簡單的技巧，牽涉三個階段：

1 **調整你的思維。**
2 **認清你有負面和被動思想的時候。**
3 **扭轉這類想法，以便你的思想更積極和主動。**

因此，如果你發現自己覺得「我無能為力」，那麼重新建構後的可能是「我當然可以設法改變。讓我先列出一張主要利害相關人的清單，然後檢視如何嘗試影響每個人。」

和許多這類技巧一樣，說起來簡單，但實際執行遠為困難。這需要決心和紀律。但一個天生被動的人確實可以藉由簡單的技巧來改變這種傾向。

03 情境二：「我沒料到會發生這種事」

有些人似乎有能力看到即將發生的事，甚至預測很久以後的事。他們在預期會碰到困難上有特殊天分。他們知道會發生什麼事。而有些人不只是常碰上意外，而且似乎再三犯同樣的錯。他們不會從過去的經驗學習問題的道理，因此也較可能變成負面政治的受害者。若要降低這種風險，就必須保持機警。你需要察覺周遭發生的事，深入瞭解別人行為的原因，並練習預期結果。你也必須能及早發現警訊。有哪些情況你必須保持警覺？這些情況不勝枚舉，但包括：

- 當你被除名時——例如從專案團隊、定期會議或通訊名單。
- 當有人對待你的行為改變時——他們可能變得更具侵略性，或開始冷落你。
- 當許多會議都閉門舉行時。

- 當你聽到不一致的訊息時。
- 當你聽到許多消息，但你不知道為什麼時。
- 當你被要求提供意見，但未被邀請參與時，或工作上未列你的名字時。
- 當你周圍的人似乎都在巴結上司時。
- 當你的上司似乎在業務上失去信譽或尊敬時。
- 當你聽到別人談論你，但不是當著你的面時。

這份清單可以一直列下去。我們在一家投資銀行，要求一群人列出他們認為應該保持警覺的情況，他們很快就舉出超過一百種情況。

有趣的是，不只是該注意別身為被害者，個人也經常在事後才想到必須注意自己也可能是辦公室政治加害者的訊號。每個人難免在某些時候都會做出引發問題的事，那會是什麼情況？下列情況發生時，你會如何：

● 當你未徵求關鍵利害關係者的意見時？
● 當你做一件事卻忘記告知利害關係者時——不管多無關緊要的事？
● 當你對別人表現出輕率或貶抑時？
● 當你表現出偏袒時，不管多麼不明顯？
● 當你發出一封不妥當的電子郵件後？
● 當你把電子郵件發給錯誤的人時？
● 當你過度直接——或不夠直接時？
● 當你膽怯而不處理問題，而事態一發不可收拾時？
● 當你是個差勁的楷模時？

這些行為每一項都可能導致難以處理的政治情況。有時候即使是最無心的舉動或疏忽，也可能引發連鎖反應，帶來災難性的後果。稍緩一下，考慮你即將做的事或說的話可能造成什麼效應，如此將幫助你把風險降到最低。

不過，警覺發生什麼事和過度偏執之間的界線很模糊。如果你每天早上走進辦公室就焦慮不安，滿腦子想著「他為什麼這麼做？」、「她這樣讚美我到底是什麼意思？」、「我能相信他剛才說的話嗎？」、「她在笑什麼、他們又在密謀什麼？」，日子一定很難過。你必須融入你的環境，與其他人建立聯結。你也必須敏銳地檢視周遭發生的事，藉以檢查內心滋生的憂慮。但要當心別陷入偏執——而且別忘了你有正事要做！

04 情境三：「我沒有閒工夫做這種事」

你可能因為選擇不回應而發現自己成了政治操作的受害者。你可能完全清楚即將發生什麼事，但你沒有時間或意願處理問題。也許你已經很疲倦——你一天下來已整整工作十小時——或者你還有一份試算表得完成。在我們最近針對精通政治的調查中，六五％的人承認他們沒有時間玩政治。同樣的調查透露出，四分之三的人認為精通政治對發展他們的職涯很重要，由此可見，顯然有許多人決定聽任阻礙職涯發展的事發生。

有趣的是，當深入探究這種情況時，往往發現有這種想法的人態度很強烈。通常問題不只出在沒有時間，而是這些人不同意為什麼他們應該這麼做。他們會說：「我的績效就能證明一切。我不知道為什麼還得做這麼多額外的事。」通常他們接著會說：「我對我自己的做法很滿意。」當進一步追問時，他們經常又說：「這沒有道理，那不是我的作風。」對他們來說，精通政治的能力似乎是一件壞事，甚至是不道德的。

你也這麼認為嗎？如果是——而且你真的想培養精通政治的能力——關鍵的一步是改變你對辦公室政治的看法。本章前面提到重新建構。這種技巧可以幫助你培養對精通政治更積極的觀點。此外，這也可能對你思考不因應的後果有幫助。如果你不公開你和你團隊的成功，大家可能不知道你們傑出的表現。你有沒有可能被批評不分享好消息和最佳作業方法？如果你的團隊未被肯定或表揚，會不會蒙受損失。如果你不盡可能與各方溝通——有效的溝通——其他人會不會感覺被排拒，因而更可能抗拒你的構想？如果你不積極影響掌權者，在你的計畫得不到足夠的支持時，就不要抱怨。遺憾的是，這種考慮往往不足以說服最不願涉入辦公室政治的人，因為涉入的利益被視為輕蔑他們堅持的核心價值。思考這類人的重點之一是，如何能讓他們以不違背個人誠信的方式參與辦公室政治。

05

情境四：「我不知道該怎麼做」

假設你已決定採取積極行動的方法，而且已學會如何判讀情勢，但你還不知道當困難的情況發生時該怎麼做。如果是這樣，本書其他章節將協助你提高精通政治的能力。本書不斷敦促採用積極行動的方法，不管你是在處理被認為不公平的情況，或只是確保你擁有充分的影響力和說服力。它不會讓你變成其他人眼中的政治動物，而會教你如何以具建設性的方式因應和處理問題，讓你不致變成破壞性辦公室政治的受害者——不管是你或其他人所操作的政治。本書是為任何上班族寫的，不分職位階層和從事哪一種行業。書中所談的基本原則是，在企業工作，你必須面對兩種情況：克服挑戰和善用機會。

第 3 章

誰精通政治？

人天生就是政治動物。

——亞里士多德（Aristotle），《政治學》（*Politics*）

01 建設性的政治操作

研究的發現向來很明確：大多數成功人士往往善於操作政治。他們瞭解所有組織都是政治體系。也許更重要的是，他們知道如何在體系中運作：如果你想爭取到經費、影響別人、在衝突的情況中贏得別人支持、為你做的事獲得肯定，以及最終的出人頭地，你就必須精通政治之道。這個道理在今日的環境尤其真切。

由於大多數人承認政治處處可見——而且也承認（有一些不情願地）必須嫻熟於政治操作——因此辦公室政治這個詞始終帶著負面意涵是很奇怪的事。辦公室政治往往被用來形容不正當的、操縱的或損害他人的行為。但不可否認的，有些人以具有建設性的方式操作政治。這有什麼不同？這個問題不僅牽涉你做什麼，也包括為什麼做：你的動機和方法。要區別負面、破壞性的政治操作，和正向、有建設性的政治操作，你必須探討這兩個面向。

你的方法

這指的是你如何妥善處理情況。你是否認識正確的人，知道有權力的環節在哪裡，能有效地影響他人和達到成功（不管成功的定義是什麼）？如果是，你在「方法」這方面將可獲得高分。相反的，如果你很笨拙於溝通，不知道如何要求別人做你希望他們做的事，而且在處理過程中老是得罪人，你的分數當然不會高。

你的動機

不過，更重要的是你的動機。要在這方面得高分，你必須把組織和團隊的利益放在心上。你堅定相信你偏好的做法是正確的。你的行為是為了做出更大的貢獻。另一方面，如果你的動機是自私的、甚至心懷惡意，這種動機就是負面的。

你的精通能力

簡單的說，「方法」牽涉一個人在組織中瞭解和操作政治的能力，而「動機」則與這個人為什麼想操作政治有關。但兩方面都很重要，它們合起來構成所謂的「精通」。

02 四種常見的政治操作者

因此，展現精通能力的第一步是瞭解你面對的是誰。方法和動機的結合創造出多種類型的行為，圖 3.1 顯示出四種主要性格。

方塊一和二包含了由利他動機驅動的人。「大明星」擁有在組織環境裡有效操作政治所需的技巧。他們往往既能幹又受敬重，而「白目者」動機良善，但不具備達成目標的政治技巧。他們可能被認為討人厭、無知、好鬥，或善意的無能。

在方塊三和四是受到可疑的動機驅動的人——各種字面上帶著負面意思的政治操作者。馬基維利（Niccolo Machiavelli）的《君主論》（*The Prince*）即使在出版四百五十年後，仍然是「目的可以讓手段合理化」概念最具代表性的論述。馬基維利對所處的時代持續不斷的政治動亂感到心灰意冷，他向政府提出的建議反映他深信必須不計代價保護政治現狀。「馬基維利」因此成了「權謀家」的同義詞，用以形容受到「壞」動機驅動、又善於瞭解和詮釋情勢，並訴諸各種手段以達成目的的人。

「野蠻人」則用來描述手段較粗糙、動機也較容易解讀的政治操作者。他們可能很容易誤判情況，或採取很明顯是追求私利的行為。他們會在背後批評同事，貶抑別人的貢獻。當然，他們不具備權謀家的政治知識，所以在達成目的——和掩飾他們的行跡——上也較沒效率。

讓我們看幾個企業生活中的實例。一家全球專業服務公司在進行資深合夥人的選舉時，一位合夥人私下親自為一位候選

圖 3.1

動機＼方法	壞	好
好	1. 白目者	2. 大明星
壞	3. 野蠻人	4. 權謀家

人拉票。他這麼做是認為如果成功，那位候選人會給他管理委員會的重要職務做為回報。他們曾在談話間暗示這件事，但未做具體承諾。就在選舉前，這位合夥人挖掘出會傷害候選人主要對手的資訊，並且選擇性地對外洩露。這些資訊不可避免地傳遍公司上下，導致對手信譽受損。競選很「成功」。不過新選出的資深合夥人上任後並未履行未形諸文字的協議；他未指派管理職位給那位賣力幫他競選的合夥人。但那位合夥人啞巴吃黃蓮，什麼話也不能說，因為說了就表示承認做見不得人的事。在這種情況下，也許我們得公平地說這兩人都屬於下半部的方塊——然而是左邊或右邊的方塊？

另一個例子是一家歐洲的大型建築公司，決定讓管理團隊的一位資深主管留任，儘管知道這個人不僅績效低落，而且好掌控和貶損他人。公司執行長對管理團隊成員很照顧，嘗試保護這位資深主管，但因而犧牲其他人和業務。執行長宣稱他的動機是良善的，但其他人——特別是那位績效欠佳主管的部屬——批評他不敢果斷處理問題。所以這位執行長屬於左上角的方塊。

我們也曾見過幾個很資深的主管耽溺於負面的政治操作，而且純粹因為他們樂在其中。他們是那種喜歡挑撥別人關係的人。他們視打敗內部的對手關係到個人榮譽，不管是否符合公司利益。他們樂於利用困難的人際動態讓別人忐忑不安。對他們來說，辦公室裡如果沒有玩弄政治的樂趣，日子就太無聊。這又是壞動機的例子。

你可能有辦法辨識這種人，但他們有辦法認識自己嗎？你曾聽過有多少人承認自己有這類行為？這些例子引發一個有關政治的有趣問題：一個人看來正面而動機良善的政治行為，在別人眼中可能大不一樣。而且你會驚訝於這些人如何為他們的行為找理由。有權力且能說善道的領導人，往往擅長於假借公司、消費者或整體社區利益之名，行操縱和自利之實。

因此，精通政治有許多面向。你必須確保你的做法光明磊落，而且捫心自問你的動機是否純正。此外，政治無可避免地牽涉到對抗你認為其他人具破壞性、或不道德的行為。因此辨別建設性和破壞性的政治操作極其重要。

案例研究

在我們二〇一一年的調查中，五六%的受訪者描述自己精通政治。有令人鼓舞的七〇%受訪者相信他們的同事有正面的動機。也許大明星的新時代已經降臨？相對於這種樂觀的看法，在一年之前的調查中，有半數受訪者說有人搶了他們的功勞、三七%的人曾看過辦公室的霸凌、超過四分之一的人抱怨他們的同事不守諾言，還有近四〇%說有人在背後批評他們。這些行為顯然不懷好意。更令人擔心的是，一四%的人說薪資制度鼓勵不道德的做法、九%的人表示在必要的情況下做不道德的行為沒有什麼不對、一一%的人承認故意洩露消息——所有這些行為都傾向是權謀家和野蠻人的特性。為什麼人們會訴諸負面的行為？

03 為什麼有些人會做壞事？

為什麼有些人表現得像權謀家或野蠻人，或者應該追究為什麼人會做壞事？理由總是一籮筐，其中有許多是局外人永遠無法瞭解的，而且有些可能連加害者自己也不瞭解——這跟人的潛意識可能脫不了關係！但讓我們談談一些較明顯的原因：貪婪、缺乏安全感、嫉妒、傲慢、怯懦和報復心。

第一個、可能也是與此處所談最相關的原因是貪婪。你可能說，全球金融危機主要歸咎於貪婪。不計後果追逐獲利和極盡奢華的報導不勝枚舉，但當牽涉巨額金錢時會行為脫軌的人不只是銀行家。拿英國政治人物的支出醜聞為例，納稅人的錢被違法花在許多產品和服務上。有些是荒唐可笑，有些則完全違法。有幾位政治人物偽稱繳納抵押貸款，實際上他們的債務早已在多年前還清。他們謊報居住地點以鑽制度的漏洞，或者謊報不存在的出差。還有八千英鎊一台的電視機、按摩椅、鴨屋、古董地毯、新廚房，不勝枚舉。但不只有錢能引來貪婪，人們可能渴求權力、地位和成功，或同事的職位，這些都會導致過度的競爭行為和採取不正當的手段。貪婪可以解釋許多行為。

不安全感是另一個原因。在動盪的市場環境中，人們感到不安全是合理的，他們害怕工作不保和生計受威脅。但對某些人來說，不安全感是一輩子的詛咒。詛咒有許多來源：艱困的童年、不如人的比較、曾遭遇挫敗，各種可能性都有。但結果往往相同：低自我評價帶來不安全感。這本身並非壞事！許多人缺乏自信心，但卻個性很迷人，行為完美無瑕。但不安全感也導致負面的動機和不正當的手段——例如，貶抑他人，不承認別人的貢獻，甚至說別人的壞話。這些都是不安全感助長政治操作的例子。

與這有關的是嫉妒。人們想要別人擁有的東西——或者是希望別人的才幹被貶抑。嫉妒往往受到不安全感驅動而採取許多形式。可能是一位上司知道他的下屬比他更有天分，或者一個人嫉妒某位同事受到大家愛戴，或者感覺某個人老是最輕鬆或得到最好的工作。會嫉妒的人不瞭解別人的運氣是自己創造的，他們不承認嫉妒對象的成功並非僥倖得來。

結果如何？我們的研究發現一些嫉妒時可能會發生的情況，而且這些例子讓我們大為吃驚。例如，一位資深經理想把他的家庭從國外遷回來，並且想取代一位女同事的職位。她不想調到國外，因此他暗中活動，貶抑她的工作績效，並損害她的信譽。

傲慢的情況大不相同。傲慢的原因是極度——且往往沒有根據——的自信，這種心態經常讓人們相信他們懂得比別人多。結果如何？傲慢的人變得專橫，他們不徵詢別人意見，當有人表達不同意見時，他們充耳不聞。這意味他們可能忽視警告的訊號，有時候造成災難的結果。以古德溫（Fred Goodwin）為例，他在十年間把蘇格蘭皇家銀行（RBS）從二線的地區銀行，轉變成全球最大的金融機構之一。也許他變得自認絕不可能失敗，但一些前同事說他變得狂妄自大，並且從買下國民西敏銀行（NatWest）後，RBS 的併購很少稱得上划算的交易。業績開始滑落，不久後 RBS 成了英國歷來規模最大的政府紓困案主角，古德溫也丟了工作。古德溫顯然從不接受批評，而且極端固執己見。

接下來是怯懦。這意味不願意面對挑戰和處理難題。怯懦往往發生在衝突的情況，必須傳達不受歡迎的訊息，或做困難的決定。不好的氣氛逐漸惡化，工作表現日益低落，往往導致情況完全崩潰。例如，一位執行長未能處理團隊中兩位經理個性不合的問題，造成組織陷於分裂。四位經理因而辭職，而這位執行長被迫面對重建士氣的艱鉅工作。執行長的同事說，她缺乏處理原本只是簡單問題的勇氣。

這引導我們談到報復！很少人從未對職場上的其他人或事情生氣，許多人更是沒有一天不生氣。對權謀家或野蠻人來說，施展可怕的報復攸關他們的尊嚴。這可能牽涉散播謠言、寄會造成傷害的電子郵件、破壞或毀損名譽，或者在極端的情況下造成別人丟掉工作。

這份清單雖然是不錯的起點，但絕非僅止於此。任何在生活中導致壞行為的事，都有可能造成工作場所負面、破壞性的政治操作。我們必須保持警覺，包括對別人和對自己：去除病因永遠可以醫治病症。

04 你會怎麼做？

因此，要想在企業世界中生存和茁壯成長，你必須精通辦公室政治；若不如此，你不太可能融入環境，知道該做什麼和怎麼做。不過，這與為了私利而操縱事件、或從挑撥同事取樂截然不同。動機和方法在決定你屬於哪個陣營極其重要，所以你必須在這兩方面挑戰自己。

挑戰一：你的動機是什麼？為什麼操作政治？你是真的希望你的團隊成功，或你只想個人出鋒頭？是因為那是推動事情的唯一方法，或只是因為你喜歡操縱？是因為你在保護別人，或因為你懷疑自己的能力和別人的成功威脅到你？質疑你的動機，挑戰自己。瞭解為什麼你採取某種行為。雙贏的情況當然很好，但如果你的成功意味別人的失敗，對別人以及公司裡的其他人會有什麼影響？每一次你必須做艱困的決定時，試試圖 3.2 的道德測試。

挑戰二：同樣重要的是思考你做事情的方法。影響和操縱不同，例如，有建設性的處理衝突不同於威脅恫嚇，兩者的差別就在於處理的態度。此處也一樣，你必須檢視自己的方法。保持誠實。你有沒有做過一些不會讓你感到驕傲的事？你是否覺得如果你修正某些做法會更有效？

本書的附錄包括一份測驗，可讓你評估自己精通政治的程度，判斷你距離大明星有多遠。更好的是，你可以登入 www.officepoliticssurvey.com 網

圖 3.2

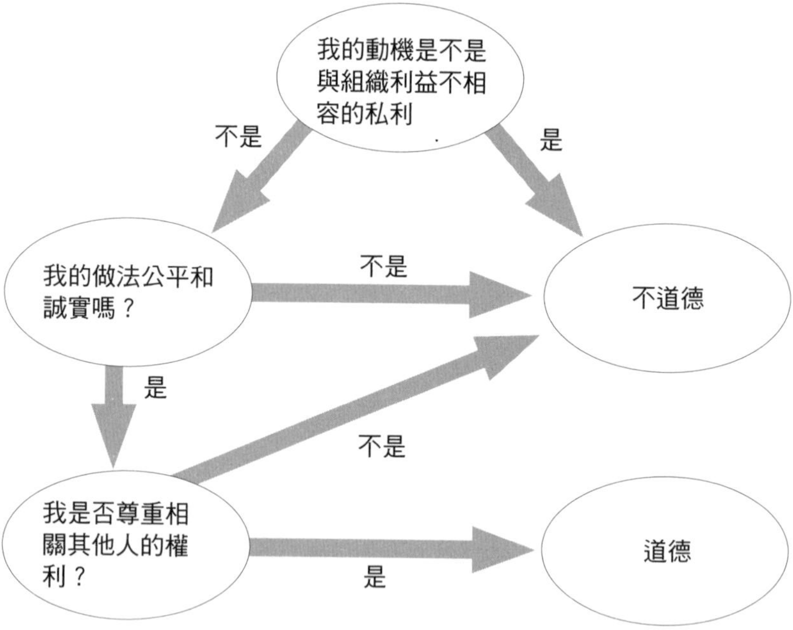

我的動機是不是與組織利益不相容的私利
不是
是
我的做法公平和誠實嗎？
不是
不道德
是
不是
我是否尊重相關其他人的權利？
道德
是

站，把你的個人測驗報告寄給自己。只要花不到十分鐘，就可以評估自己是否精通政治，並提供你辦公室裡政治操作情況的看法。但是要誠實，如果作弊，那只是在欺騙自己！不管你的反應如何，本書將專注於協助你成為辦公室裡的大明星。

最後……

前英國工黨政治家曼德爾森勳爵（Lord Peter Mandelson）以善用影響力安排事情而博得「黑暗王子」（Prince of Darkness）的稱號，當被問及最愛的政治書籍時，他的書單包括馬基維利著的《君主論》，顯然他曾反覆再三拜讀過。為什麼？他想從中學習什麼？在他的時代，馬基維利被與撒旦相提並論，而且馬基維利的言論的確讀起來令人不寒而慄。例如，他主張一個人寧可殺死自己的父親，好過竊取他的財產，因為父親之死很快會被遺忘，而竊盜會永遠被記得，且報復會跟隨許多世代。較不殘酷的見解還有：如果被畏懼和被愛不能兼得，寧可被畏懼勝過被愛。更著名的是他談到目的可以使手段正當化。不過，我們很難判斷他到底多贊成《君主論》裡主張的原則，或者他只是觀察並且報告獲取、並保住權力的最好方法。

第4章

因應辦公室政治

知己知彼，百戰不殆；不知彼而知己，一勝一負；不知彼不知己，每戰必敗。

——《孫子兵法》

01 通則

儘管我們在第三章「誰精通政治？」說了很多，但要牢記在心的是，情況和個性一樣會驅動人的行為。因此你應該儘量避免把人歸類，除非你這麼做有很好的理由。如果你發現同事不僅搶了你的功勞，還向你的上司批評你的貢獻，別馬上認定他們是野蠻人。他們這麼做很可能是心裡真的相信有很好理由這麼做。從你的觀點看，他們的動機是負面的，而且因為你已經發現他們這麼做，很可能他們的方法並不是很有效。不管如何，也許那只會發生一次。先按兵不動，等你抓到他們再犯——對你或對別人——或在其他方面證明他們不值得信任，才下他們是野蠻人的論斷。

同樣的，幼稚或甚至好鬥的行為，可能只是一天忙完筋疲力竭的結果。那不表示這個人會老是蠻橫不講理。至於權謀家，也可能只是他們的目標與你的不同：他們看待事情的方式不一樣。連大明星也有疏失的時候，他們可能發現自己不瞭解狀況，或對棘手的問題束手無策。

所以在你更瞭解別人前，要從好的一面看待情況，先暫停論斷。不過，一旦你深信那個人符合特定的類別，你就必須通曉如何對待他們。本節將先提供一些通則，然後分別討論各類具代表性的角色，提供如何辨識和對待他們的建議。

有關在困難情況下處理人際事務的建議，歸結來說主要是保持警戒和覺察，而不要冒然行事！一旦你察覺有問題，花一點時間從各種角度檢視情況。分析你自己的動機，並盡可能嘗試瞭解別人的動機，完全站在他們的立場來思考。他們想要什麼？為什麼他們採用這種行為？什麼驅動他們這麼做？仔細觀察情況，並嘗試瞭解背景。如果表面上不容易看出，就探究線索。對自己要誠實。我們往往忽略明顯的訊號，只因為它們不合我們的主觀看法。要問，你可能沒有注意或輕忽什麼？

在檢視過情況後，你可能還不完全瞭解，或者對自己下的結論還沒有信心。所以跟其他人談談可能是明智之舉。當然，如果你找人談這類事情，他們必須值得信賴。此外，他們也必須瞭解要保守祕密，以及你不希望其他人知道——他們是你的祕密諮詢者。

和他們一起研究情勢，測試不同的方法。不管你最後決定採取何種方法，想清楚你有意和可能無意導致的結果。確保結果值得你付出心力採取行動，思考如果不管它會不會更好？

02 面對野蠻人

真正的野蠻人有一個令人稍感安慰的特性：他們一眼就能看出！他們不斷貶抑他人，同時吹捧自己。他們經常不懷好意地恭維奉承。他們會貶損同事，有時候甚至出言威嚇。而且他們是明目張膽做。當人們被要求描述野蠻人時，往往使用「諂媚」、「肉麻」、「傲慢」、「陰險」、「不誠實」和「自目」等字眼。人們也可能提到，許多野蠻人表現出極度缺乏安全感，急切地想被視為比同儕優秀，但往往適得其反。

辨識野蠻人時要注意的行為包括：

- 在同事背後說閒話。
- 很明顯地嘗試操縱情況和人，但效果很差。
- 寫指控別人的電子郵件，往往同時散發副本或密件副本。

- 吹噓自己的成功，但從來不提團隊的貢獻。
- 當出問題時，就怪罪團隊其他人。
- 說不恰當或冒犯的話。
- 奉承巴結上司。
- 基於自我防衛而表現出侵略性。
- 表現出憤怒。

觀察其他人對野蠻人的反應也很有趣。他們可能在野蠻人說話時充耳不聞，或翻白眼。

從上面的描述可以明顯看出，對待野蠻人最好的方式是避開他們：如果你沒有必要跟表現出這種行為的人打交道，何必要為怎麼做傷腦筋？除此之外，你也不希望自己的信譽因為扯上關係而受損。不過，不是每次你都能避開。你可能每天都得面對這種事，或者死了這條心，他們可能是你的上司之一！所以如果不能避開他們，次好的選擇是嘗試改變他們。野蠻人的行為不見得是一輩子如此，也許有可能給他們一些回饋，指出他們行為的影響——對你或對他人，以及對他們自己的信譽。換句話說，告訴他們你對他們的動機有什麼看法。當然這是需要勇氣的做法，你可能遭到反彈。但即使如此，很可能別人會肯定你正面的動機，會支持你。

假設你不能、或不願意採取上述兩種做法，就必須構思策略以確保自己不成為野蠻人行為的受害者。

第一也是最重要的是，別信任他們。他們不值得信任。如果你對他們吐露真心話，等到他們覺得有機可趁時，就會洩露你的祕密——即使得到的好處只是他們可以討好別人。他們也不會支持你。除了對自己外，他們對誰也不忠誠，他們會把罪過推給你，如果他們覺得對自己有好處，對你的態度就會來個一百八十度大轉彎。而且他們對撒謊毫無愧疚心。不管你生性多容易信任別人，對野蠻人要保持戒心。

同樣很重要的是，你對他們要表現堅定而有主見。許多野蠻人基本上缺乏安全感；他們也容易對別人頤指氣使。如果你堅定反抗他們，就比較不會變成受害者。小心別讓他們拖你也做出和他們水準一樣的行為。他們在這方面的操作有很多經驗，而且會善加利用這些經驗。相反的，你應該堅持適宜的行為準則。

視你與野蠻人的關係而定，你與他們打交道會有一定的風險，甚至被誤認為一丘之貉。如果是這樣，你必須避免被認為與他們是一夥人，但不要過度批評他們。想辦法向其他人展現你多麼正面和有能力。找出你的領域裡的重要人物，儘可能與他們建立堅定而正面的關係。這可能需要你做一些水平思考，但你總是有可能找到與他們說話和表示支持他們的理由。此外，當你與野蠻人會談時，你可能必須挑戰他們的一些觀點——當然，要以較委婉的方式！

就對待野蠻人來說，電子郵件是一件必須審慎處理的事。他們會轉寄、寄副本和濫用你寄給他們的電子郵件，只要他們能從中獲得利益。因此，基本原則是，避免與他們有電子郵件往來，除非主題很安全。不過，你必須在書面上確認你與野蠻人間達成的任何協議。把誰在做什麼、有哪些步驟和預定日期都列出大綱。若不這麼做恐怕日後會衍生出問題，因為野蠻人可能完全否認你以為達成的協議。

在野蠻人授權給你的工作這方面，很重要的是，你得問一大堆問題來澄清彼此的認知，尤其是為什麼做這個工作，誰委託的，誰要看成果。試著問到完全能接受對方的要求（記住你不能信任野蠻人），而如果你不能接受，試想你能否找到不同的方法來達成目標——用你能接受的方式。

案例研究：

喬希被要求與亞當一起策劃和主持一系列在美國舉辦的客戶座談會。從喬希的觀點，亞當是典型的野蠻人——什麼事都不做，到處招惹是非，挑別人的毛病，同時在工作順利時搶別人的功勞。喬希有許多次遭到這種對待後，開始擔心他自己的信譽跟著受損。他開始寫詳細的電子郵件，釐清哪些活動是由誰負責，並確定寫的內容是亞當無法爭辯的。亞當因為只是野蠻人、而非權謀家，所以並未察覺這些訊號。他繼續表現一貫的績效低落。喬希現在已經有了證據。他寫一封清晰、冷靜、就事論事的電子郵件給亞當，附加以前的傳訊，並問亞當為什麼沒有做好份內的事。亞當回了一封信，內容只有四個字：「你少說教！」這正是喬希需要用來對抗亞當的證據，而且將它轉呈給上級管理團隊。

03 面對權謀家

雖然權謀家的動機和野蠻人一樣負面，他們卻更擅長處理政治，所以很難辨識他們。事實上，大多數人說他們一直到有幾次成為受害者後，才發現某個人有權謀家的傾向。這時候他們才恍然大悟。權謀家的活動更隱晦，而且他們善於避開別人的偵測。有時候別人可能隱隱感覺其中有負面的動機，但大家往往傾向相信權謀家的善意。這是為什麼他們能得逞如此久的原因。

如果你已經有幾次受害經驗，那麼你已經知道怎麼回事。但如果還沒有經驗，你應該如何辨識他們？在與別人打交道時要注意：

- **誰的地位似乎超過他們的能力？**

- 誰為了你不瞭解的原因而向你吐露內心話？
- 誰的名字總是與最成功的專案有關係，雖然通常很難分辨他們有哪些重大貢獻。
- 誰很樂於利用不正當、或不誠實的方法來達成要求的結果。
- 誰永遠有辦法躲過罪責，以及誰即使在經歷最慘重的災難後信譽仍絲毫無損。
- 誰設法讓別人去做顯然對自己沒有好處、甚至對自己不利的事。
- 誰花時間在做關係上多過於賣力工作。
- 誰似乎認識所有權力在握的人，對沒有權位的人卻不屑一顧。

一旦你辨識出權謀家，知道如何對待這個人將是一大挑戰。你不太可能在運用權謀上勝過他們，所以你只有下列的選擇：

- 順應他們。
- 利用他們。
- 轉變他們。

● 揭露他們。

順應只牽涉到與權謀家共存，而非你在自己的價值上有所妥協，同時儘量降低傷害。由於他們的動機與野蠻人類似，所以一些建議也雷同。因此前面說的別信任他們、小心處理電子郵件，以及當他們要求你做事時要問許多問題，當然也適用——甚至對權謀家更要審慎。當權謀家開始指派工作給你時，必須完全瞭解他們想達成什麼和為什麼。以下一些問題可能派上用場：

● 這個工作從哪裡來？
● 為什麼它現在很急迫？
● 誰是利害相關者？
● 還牽涉到哪些人？
● 你怎麼會參與其中？
● 做這件事可能得花多少時間？

- 哪些成果很重要？
- 成果會有什麼用途？
- 截止期限是何時？
- 有哪些風險牽涉其中？
- 誰可能獲利？

當問這些問題時，你應該從頭到尾保持語調輕鬆、想幫忙的態度，但要嘗試避免太早承諾，不管權謀家對你施加多大壓力。要聽起來肯定、而不真的承諾他們要你做的事。當然，在真實世界裡，你可能沒有別的選擇，但透過問問題，至少你可以估計可能的傷害，並採取降低風險的行動。

和對待野蠻人一樣，面對權謀家時，你也會從堅定和有主見獲益，因為如果他們對你還有一點尊重的話，這種態度將有助於達成你的目的。你也必須避免對他們露出任何軟弱的跡象，不管你對自己多沒信心。如果你表現軟弱，他們會利用你說的話，或至少會讓其他人都知道你自己坦承「失敗」。

除了順應外，你可能決定利用情勢（當然不是利用那個人！）如果處理得好，你可以利用權謀家的技巧來助你達成你的目標。你可能謹慎地與他們建立關係，進而取得他們的資訊和網絡。或者在特定情況下，你可以借用他們如何處理棘手問題的建議。不過要小心，你必須仔細篩選權謀家給你的資訊，確保他們不是選擇性地洩漏給你。此外，你必須區別他們的動機和手段。別忘了他們對這種事很內行，所以你永遠得對看似迂迴或不正當的手段保持警覺。

然而這種方法不就等於你也變成權謀家嗎？這個問題的答案是「不」——只要你對自己的動機是正當、而且手段光明磊落有百分之百的信心。

視你與權謀家的關係如何而定，還有看他們的習慣有多根深柢固，也許你有可能改變他們。不過，這是高風險的策略，將需要你審慎的策劃。和對待野蠻人一樣，這牽涉給他們回饋，說明其影響性。權謀家需要有很強的誘因才會改變，因此你必須想透徹如何才能激勵他們，以及如何用最好的方法影響他們。即使你是對方的主管，這也是艱鉅的任務；如果你是他的下屬或同儕，那更是近乎不可能的任務。不過，在某些情況下也許值得一試。我可以想到兩個例子（但就只有兩個！）證明權謀家也可能變成大明星。

最後的策略是揭露他們。畢竟，如果他們真的是權謀家，背後推動他們的主要力量將是尋求自利，而他們的利益往往會與其他人相違背。他們的精明能幹或報復心可能有害組織的順暢運作，因此容許這種行為持續絕不符合組織的長期利益。在談過這些後，如果你計劃揭露他們，就必須小心行事。首先，想清楚你真正想達成什麼。最好的結果是不是讓他們離開，或者你希望由一位高階經理來處理（理想狀況是糾正他們）？完全保持客觀是關鍵。下一步是蒐集證據，並累積支持。你需要事實，以及肯站出來挺你的人。曾經身受權謀家之害的人可能是尋求協助的最好人選。

接著決定該找誰談。他們可能是位居有權力職位者，也可能是權謀家的直屬主管——或主管的主管。不過，記住權謀家擅長打點與長官的關係，所以這個人可能對權謀家有完全不同於你的看法。如果可能的話，避免只是把問題攤出來；如果你已想清楚可能提出的方法，將對你表達訊息有幫助。

有時人力資源部也會提供可行的替代辦法。人資部的人必須保守祕密，但他們也有義務採取一些行動——如果你希望他們行動。你也可以向他們說明情況和證據，然後尋求他們對如何進行最好的建議。不過，不是所有人資部都會鼓勵員工採取這類做法。

案例研究

阿蘭娜有一位權謀家上司。起初她不知道：菲利普總是很正面、會鼓勵人，而且坦白、受歡迎。但經過一陣子後，阿蘭娜開始覺得不對。她在有一次與菲利普談話後發現，她不再那麼有信心、甚至有點困擾，但就是說不上來哪裡不對。後來她開始害怕他們的會談，但每週他們都得單獨談話一次，她無法避開他。接著情況更加惡化，菲利普要求她做一些顯然會讓她看起來愚蠢和無能的事。有一次，他指派她擔任他的副手，但又否認這項約定——是在她代理他出席一項會議，引起大家側目，並且會議主持人說她顯然有點誤會之後才否認。阿蘭娜感覺受到羞辱。後來她也發現，菲利普曾向上級管理團隊反映他有點「擔心」她，而且這些憂慮出現在別人對她的意見和評價中。雖然這些批評不公平，卻不可能證明事實並非如此，阿蘭娜的績效因而被認為每況愈下。阿蘭娜嘗試揭露菲利普，她向人資部提出申訴。然後她在人資部的斡旋下與菲利普會談一次。一切都歸於無效，菲利普並不覺得有必要遵守會談中的協議。轉折點出現在與她的良師——一位另一個部門有影響力的主管——談話後。阿蘭娜一連幾個月向她的良師傾訴菲利普的事，因此他決定採取行動。利用他自己的權力和地位，這位良師向頂層報告這件事。經過一番調查後，菲利普最後離開公司。

04 面對白目者

我們已知道如何對待由負面動機驅動的人，白目者則是完全不同的一種人。他們做事絕對出於自認是正當的理由，但卻有以無效率的方式處理事情的習慣。因此要辨識白目者十分容易，他們的傾向是：

- 說他們懶得玩弄政治。
- 相信他們的工作成果會說話，因此沒有必要自我促銷。
- 甚至認為自我促銷是不對的。
- 變得經常只顧自己的工作，無視於整個大環境。
- 抱怨花太多時間說服別人的支持，說事情應該不必弄得太複雜。
- 寄措詞激烈的電子郵件。

● 過度直接。
● 對事情很熱衷，但在影響別人以促成改變上不太成功。
● 溝通是根據「需要知道」的原則。

他們的心可能長在正確的位置，他們的動機無可非議，但他們必須變得更有效能，才能讓別人視他們為有用的盟友。

由於他們是有原則的人，對待白目者的第一件事是要稱讚他們的正直，讓他們知道你支持他們。一旦做了這件事，你有可能給他們一些意見。把重點放在他們的行為造成的影響。你會經常發現，如果你專注在他們的行為可能危害到他們自己，你的意見可能引不起任何反應，因為他們自詡不求私利。不過，如果你專注在團隊和他們周圍的人可能受到傷害，你就可能引發白目者的興趣。

一旦你引起他們的注意，就可以把話題引向碰到什麼障礙。為什麼他們對政治如此遲鈍？對一些人來說，他們天真的行為是因為無法看出即將發生的事。他們經常碰上出乎意料的事。如果是這樣，你可以幫助他們養成預期潛在問題的習慣，變得更敏於感覺人和環境，以便解決這個問題。不過，我們都知道，白目者往往完全瞭解會發生什麼事，卻選擇忽視它，拒絕採取對策。在某些層面上，他們認為政治操作是不正當的，認為自己沒有理由被捲入其中。這時候你必須讓白目者重新建構觀念，鼓勵他們更積極地看待事情。這不是玩弄政治，而是積極影響他人。這不是自我吹噓，而是要讓更多人知道和重視團隊的成功。你也可以把他們的注意引向不懂操作政治的不利後果。不過，不管用什麼方法，白目者必須改變他們對辦公室政治的心態。

唯有他們變得更願意參與，你才有辦法幫助他們提升處理情況的能力。如果他們的視野受到遮蔽，你得讓他們專注在更大的觀點。指出事情牽涉更多彼此相關的人，說明他們與團隊的表現息息相關，以及為什麼必須把他們納入考量，這些都是對待白目者的技巧。如果是在衝突的情況，你可能協助他們擬定解決問題的策略。鼓勵他們從別人的觀點看事情。建議他們如何調整影響他人的技巧。但最重要的是，引導他們遠離笨拙的溝通和無效的好鬥態度。和權謀家不同，白目者可被視為大明星的候選人；他們只需要磨練好技巧就能跨進這個類別，因為他們的動機是可敬佩的。

案例研究

裘是募款人，為一家慈善機構工作，她堅定地主張改變現狀，而且讓每個人都知道。裘說話坦率自豪，而且深信她的作風是最好的。她對「玩弄政治」毫無興趣，寧可採用更直接的方法。當她感覺事情不是以正確的方式處理，或感覺不公平時，就會直接了當讓她的主管知道，這種做法甚至到了大家都怕和她說話。裘的心地毫無疑問十分純正，但她的方法卻不甚有用，但她自己卻看不出來。因此有一位友好同事把裘帶到一邊，給了她一些深入的意見，內容主要是裘沒有能力說服別人支持她，並因此使她無法發揮影響力。這位同事為這次談話還特地蒐集了幾個例證。裘聽了非常沮喪，但不得不承認她的行為經常造成反效果：她達成的結果往往和她想要的相反。她立即開始磨練自己影響和說服的技巧。這是一個需要長期努力的目標，就像改掉已經養成一輩子的積習，但最後她的「使命」還是比小我重要。她終於變成有效的改革者。

05 面對大明星

有趣的是，人們往往不以「玩弄政治」來形容大明星，反而較常用來描述他們的字眼是「有影響力」、「優秀的領導人」、「有魅力」、「善於團隊合作」、「務實」，「有辦法」、「關係良好」、「問題解決者」、「激勵者」等。這些都是我們用來描述成功和受歡迎者的形容詞。他們也可能被描述為精通政治操作，因為這正是他們的特質，雖然他們不會這樣形容自己。

那麼，你該如何對待大明星？有人認為你不必做什麼，因為他們一定懂得處理情況和人，並且會儘可能顧及每個人的利益。所以何必特別對待他們？當然，精通政治的人不會這麼說！與大明星互動能提供許多學習、受益和支持的機會。就定義來說，協助推動大明星的目標一定符合組織的利益。

理所當然的，如果你與大明星保持好關係，你也可以獲益最多。但就向他們學習來說，你不一定要做什麼。你可以從遠處觀察他們做哪些事，然後問別人他們用的方法。如果你可以接近他們，那就接近。如果你有複雜、棘手的問題要處理，大明星會是絕佳的導師。不過，儘量不要浪費他們的善意：別每次發生問題就找他們。把他們的協助用在真正困難的問題。還有在找他們之前，自己先把事情想透徹。你必須表現出積極和專注於解決問題，雖然你是在向他們求助。

如果你與大明星的關係良好，你可能處在一種可以善用「仿傚」（modelling）技巧的位置。這牽涉到不只觀察他們做什麼，還要瞭解為什麼他們做，他們做時想些什麼。第一，辨識特定的主題——他們特別擅長的事。然後列出一張問題清單：你想知道什麼？我們假設主題是建立人際關係，問題可能是：

- 你對建立關係的態度如何？
- 你向來都這麼認為嗎？
- 如果不是，你是怎麼轉變的？
- 你如何為建立關係的活動做準備？

- 你在活動前有什麼感覺？
- 當你進入活動場所時，心裡想什麼？
- 然後你會怎麼做？
- 你是否樂在其中？
- 你需要什麼技巧來與他人建立好關係？
- 哪些事你做起來毫不費力？
- 哪些事做起來較困難？
- 你如何克服困難？

當然，如果你準備問一大堆問題，必須在做這個練習前先徵得明星的同意。把它當成一項實驗——一個你很想試試的新工具。

我們曾在一家法律事務所，當著一群同事和一位女性合夥人嘗試這個練習。她真的是大明星，雖然她自己不知道。資淺的同事被邀請來詢問她對建立關係的看法，而且得到很有趣的結果。出乎大家意料，這位合夥人並非天生擅長建立關係。事實上，當她第一次必須出席大場合時，她嚇壞了。但她運用自己的經驗和感覺發展出自己的技巧。她設法不去擔心別人對她的看法——「怎麼會有人對我感興趣？」——她的理由是屋子裡一定會有一大群人和她有同樣的感覺。當她剛走進活動場所時，會先尋找落單的人——永遠會有至少一個——然後立即走向他們。她會問事先準備好的問題，然後傾聽，表現出對別人的興趣和明顯的共鳴。不過，她不會一直與同一個人在一起，而會拉別人加入，並且繼續走動，重複同樣的過程。她成功的關鍵是設身處地為別人想，而非偏執於自己感覺多不自在。她不但變得對建立關係很自在，而且成為箇中好手。人們會記得她的人際技巧，和她對別人投注的興趣，而這些都幫助她發展新生意和在業界建立信譽。

除了向大明星學習外，你也能請他們協助你。他們的支持和參與可以對你正在做的事有什麼幫助？如果有，你需要他們給你哪些具體的幫忙？光是背書和支持就夠嗎——也許是在適當的時間和地點說幾句話？或者你需要他們扮演更積極的角色？一旦想好你的需要後，思考一下你的目標對明星可能有什麼益處。

互惠也許是有用的工具。如果你需要大明星支持你，你可能有必要想清楚你對他們能提供什麼協助。

在與大明星打交道時，你也需要做到幾件事：

- 傳達正面的印象，但是……
- 對待他們要誠實而直接。
- 提供他們資訊，但是……
- 不要在背後說別人的閒話。
- 尋求他們的建議和看法，但是……
- 你自己先想清楚解決方案。
- 尊敬他們的立場和特質，但是……
- 表現出你是一個值得認識的人，即使你稱不上明星。
- 給他們鮮明的第一印象，但是……
- 要培養長期的關係。

案例研究

艾瑞克感覺上面給了他一杯毒酒：他必須負責一個改組部門的專案。雖然沒有人明說，但裁員顯然勢在必行，所以一定有人會丟掉工作。艾瑞克嘗試推辭，但這件事似乎由不得他——他已被選為專案經理。艾瑞克的同事柯琳被認為是大明星，照道理說，艾瑞克覺得她應該負責專案：她一定知道怎麼做，瞭解處理敏感問題最有效的方式。不過，她不是負責人。他決定次佳的選擇是向柯琳請益，尋求她的建議和看法。艾瑞克為了表現積極的態度，仔細記錄了他的目標和他對如何做的想法。然後他要求柯琳開會。她不僅引導他避免採用「攻擊的最佳策略」，還告訴他該和誰談、如何爭取他們的支持，以及在整個專案期間如何做好溝通工作。艾瑞克再接再厲，要求她積極參與。出乎意料的，她同意在旁邊運用她的影響力幫助他，並成為專案團隊的一份子。艾瑞克慎重其事地與她建立正面而堅定的工作關係，一直持續到專案結束以後。專案仍然困難重重，但挑戰性因為柯琳在一旁的協助而大為降低。

不同的人需要不同的方法，這自然是不言而喻。不過如果你注意觀察大明星的行為，熟悉他們可能的反應，並覺察他們的說話和特質，你就更可能獲得他們的支持。

第5章

搞定辦公室政治問題

～六種常見的問題情境～

克雷格的新產品開發（NPD）團隊以全球矩陣架構的方式運作，換句話說，有一半的經理負責地區，另一半經理負責特定產品。地區經理駐在各地區，接近地區主管，但仍然是克雷格的團隊成員，而全球經理則集中在紐約工作。問題慢慢開始出現，地區主管不太滿意，他們怪罪NPD團隊；他們覺得被夾在中間，並開始指責全球部的同僚。緊張逐漸升高，但沒有人面對面提出他們的不滿，反而是許多人在同僚背後指指點點。團隊的運作每況愈下，信任感蕩然無存，績效隨之滑落。

在上一章，我們討論如何處理特定的個性類別，舉出的許多建議將協助在面對負面政治時展現你的精通技巧。你也可以學習大明星如何建立關係。不過，這只是一半。知道如何對待野蠻人或權謀家很有幫助，但我們在過去十年接觸過的人，有許多想討論如何與人打交道的細節，以及應付棘手的情況——不管他們面對的是誰。如果你發現有人抹黑你，你該怎麼做？或者如果有人老在工作上搶你的功勞？本章的其他章節有很豐富的材料，討論精通辦公室政治的人普遍採用的技巧和行為。但在談到這些前，本章將列出我們的研究中最常碰到的問題，並詳細探討——造成問題的原因、為什麼是問題，以及如何解決？

有哪些主要問題？我們的經驗和研究發現，六個最大的問題（不侷限於本書其餘部分涵蓋的內容）如下：

- 左右為難
- 有人搶你的功勞
- 有人侵犯你的地盤
- 成為抹黑的受害者

- 面對隱祕的企圖
- 受到打壓

當然，實際上還有非常多問題，但如果你能成功應付上述幾項，就已具備因應大部分負面辦公室政治的能力。

01 左右為難

左右為難是今日企業裡最大的問題之一。簡單的說，就是被不同的人要求做兩件互相矛盾的事——有些例子是多件矛盾的事！我們的調查中有超過七〇％的人說，他們過去一年曾經歷過這種情況——年齡三十歲以下的人比率更高出許多。另一種情況是，你可能在衝突的情況中被要求選邊站。這對職場上的人向來就是問題，但近幾年來因為情勢更混沌、組織更複雜，以及負面的政治操作激增而愈常見。這在不確定的年代可能更難以避免，但身歷其境的人不會因為這句話而稍感安慰。你可能被要求做或不做不對的事，另一方對你工作表現的看法可能受到不利的影響。如果你很不幸，可能得罪所有人。在最糟的情況下，有人甚至發現自己因為身陷這種衝突而丟掉工作。

案例研究

卡拉在人資部工作，一位業務部的資深主管要求她負責一個特定的發展專案。卡拉的上司露薏絲不希望她（或她的其他同事）涉入這個專案：露薏絲想把專案攬到自己身上。她對她的團隊表明了她的企圖，不過，業務部的資深主管要卡拉接，並經常要求卡拉出席會議，雖然他知道露薏絲不允許。他有時候召喚卡拉到他辦公室，而不事先通知或解釋原因，只說「要談一談」，結果卻是所有相關人士都到場的專案會議。卡拉陷入左右為難——她應該告訴露薏絲詳細情況嗎？當卡拉告訴露薏絲後，遭到露薏絲的斥責。她被告誡不要回應他的電子郵件，不要接他的電話，當然不能參加會議。問題是這造成了不利的影響，不只是對發展專案，也對卡拉——和整個人資部——不利。最後卡拉選擇離開公司，因為她不知道如何解決這個問題，這牽涉的不只是一項專案，而是更大的問題。

另一個幾乎不可能避免的情況是，當你處在矩陣式的組織結構中，一定會收到衝突的指令，基本上就是你有兩個上司。

例如，一位可能負責區域業務，另一位則負責產品線，而你得同時對兩個上司負責。在矩陣結構工作的人常說受到兩方面的拉扯。他們報怨，兩位上司都認為自己部門的工作比較重要，應該列為優先。

如果你發現自己左右為難，該怎麼做？首先是思考這是否真的有影響。由於這個問題很常見，許多人往往陷於天人交戰。這種情況可不可能適應？你想適應嗎？先決的條件是，你不會在過程中受到傷害。你必須當一個促成者——促成事情——而非抱怨者。決定事情的需求是什麼：誰是對的？思考權力的比重，和你屬於誰的職權管轄。然後你才能決定滿足不同要求的比重。

讓雙方都瞭解你的績效如何評量。在大多數組織中，每個人都有設定的目標。不過，這些目標經常與個人真正做什麼關係不大。你必須確定自己的目標很明確，能反映你的貢獻。當你被要求參與一項工作時，要確定你的目標也跟隨著改變，能夠反映這項工作。你必須與牽涉的各方討論——即使只是簡短的談話——與他們達成你應該參與什麼的共識。如果矛盾發生，你可以記錄下來，與你的上司（們）討論，澄清這種情況。

不過，設定目標可能還不夠，尤其是較大的問題往往不在特定的專案，而在與每日工作有關的意見不合。如果你發現自己處在這種情況，就必須很明確地決定你是站在哪一邊。決定在哪種情況下怎麼做最適宜。你可不可能採取兩面兼顧的方法？一旦你想好怎麼做，就必須向兩方提出這個問題。先嘗試面對面談，看能否達成協議。但如果問題仍未解決，你可能需要很謹慎而敏銳地把你對事情的瞭解寫下來。在一些情況下，你可能把副本寄給雙方，要求他們釐清你應該怎麼做。這在前面談的案例不但不可能辦到，而且可能適得其反，讓情況火上添油。因此，卡拉自己坦言，她覺得解決辦法在於應付她的上司。本書第六章談〈掌握影響和說服的藝術〉，第七章談〈瞭解和處理衝突〉，第九章談〈管理你的上司〉，裡面有一些有效和通用的建議，可以用來協助解決如卡拉碰到的情況。

02 有人搶了你的功勞

別人有可能以許多方式搶走你在工作上的功勞。他們可能把名字列進你製作的報告，或低估你的貢獻，有時候甚至完全否定你的參與。或者他們可能把你的點子據為己有。更極端的例子就純粹是搶走你的工作成果。我們最近碰到一位有權進入團隊成員電子郵箱的經理，他不但監看個人郵件往來，還拷貝其中一些信件，同時竊取別人提出的構想。

這是一個很普遍發生的問題：近半數接受我們近日調查的人說，在過去一年來他們發生過有人搶他們工作成果的事。有趣的是，屬於大明星和白目者的人，比野蠻人或權謀家更容易碰上這種事。

案例研究

安祖兒為一家法律事務所工作，她花多年時間培養一家潛在客戶的關係，雖然至今尚未有委託案例。安祖兒曾向這家公司的法務部提案、送交相關資訊、密切注意該產業的最新發展，並與法務部主管定期喝咖啡。最後，安祖兒的辛苦有了結果，她的事務所成功地變成代表這家公司的多家法律事務所之一。另一個部門的合夥人曾參與最後的提案，但他卻搶了爭取到新業務的所有功勞。安祖兒不僅未因貢獻而獲得肯定，她在爭取新業務方面的考評還得到很差的評級，讓她在那一年的整體考績降了一級。

必須瞭解的一點是，如果別人因為你的工作而獲得肯定，這未必是不正當的。那可能是他們發揮了影響力：他們撒了創意的種子，並在幕後促成別人接受他們的建議，而別人並不知道那是誰的點子。所以他們認為自己也有所貢獻。或者，原因可能是組織性的運作方式：許多組織的文化特別凸顯主管的績效，部屬工作成果的榮耀都歸給主管。團隊要做所有跑腿工作被認為理所當然，但成果掛的卻是主管的名字。然而，當功勞毫無道理地被搶走時，你該怎麼做？

偶爾會碰到有人明目張膽地這麼做——很明顯地搶走你辛苦工作的功勞——絲毫不企圖掩飾這個事實。在這種情況下，最明智的做法是面對問題，以避免未來再度發生。

跟這個人談談，試著讓對話保持客觀和理性。指出發生了什麼事，而不要批評他們個人。在某些情況下，採取「明知故問」的態度可能有幫助：「我很驚訝怎麼會發生這種事，也許是我誤解了？」你是想喚醒他們的羞恥心，希望他們知所節制。但你的客觀必須能確保那個人很清楚你對他們行為的看法，並要他們保證不再發生。運用你解決問題的技術，與他們討論你們未來可以共同合作。

不過，較難處理的是行為本身並不明顯，而是較隱晦，而你無法確定他們的行為是故意的。在這種情況下，很有把握地質問那個人可能是不智之舉：你可能要來一場只是一探究竟的談話。有些人發現這種行為持續數個月、甚至數年之久，而他們一直無法確定那是對方蓄意的做法。這時候他們需要運用一套技巧來處理問題。增加各方面的溝通可能有幫助。藉定期告知與你共事的其他人，可以讓別人更難宣稱工作都是他們做的。但別以意氣之爭的方式做這件事，而要以想幫忙的方式提供資訊：「我們昨天談過後，我想讓你瞭解我們的團隊在做什麼，可能對你有幫助。」把訊息的副本寄給其他人，但這些人應該至少是相關人士！你也可以進一步表示，你已經把這種工作上的安排和協調制式化。

跟上述情況類似的是，當你陷於左右為難時，弄清楚目標和期望將對你大有幫助。你必須說明你的職責是什麼，確定其他人都知道。如果有人想對你的目標有所貢獻，那就何樂不為！但要確保你不落入某些陷阱：如果他們幫上忙，就要肯定他們應得的功勞。

弄清楚誰負責評價你的績效，並確定他們瞭解你的貢獻。必要時，和他們討論其他人可能搶你的功勞。徵求他們對如何處理這種情況的意見。十有八九他們會告訴你別擔心，但他們會記錄這個問題，這是重點。

03

有人侵犯你的地盤

另一個有關聯、但截然不同的問題是，有人侵犯你的地盤。為什麼不同？因為這是別人不但搶了你的功勞，也想搶你的工作，或至少工作的一部分。他們可能想要：

- 你扮演的角色和負責的工作。
- 你的工作職銜。
- 你的專案。
- 你的智慧財產。
- 你的客戶或供應商關係。
- 你的內部人脈。
- 你的領導角色。

為什麼會發生這種事？除了顯而易見的原因——你的角色很棒，別人想要它——還有各式各樣的理由。許多人在獲得升遷後，拒絕承擔他們的新責任。他們繼續干預舊工作的大小事情，基本上就是搶了底下部屬的角色。相反的情況也可能發生：有人緊釘他們上司不捨，急著想取代他們的位置。當然，攻擊可能來自側面的競爭團隊、身邊的同事，甚至外面的合約商或競爭者。基本上就是任何搶著出頭、對你的工作虎視眈眈的人。而這會造成什麼影響？你的權威將遭到傷害（有四四％的人說，他們過去一年碰過這種事）。

案例研究

卡爾是公關經理，他和同事分別負責一群客戶，通常按照區域劃分職責，卡爾的主要責任區之一是土耳其。有一次他拜訪一位土耳其客戶，卻被告知他的同事瑪莉卡上週曾和他們會談。雖然這位客戶能夠體諒其中的混淆，但卡爾感到十分尷尬。他嘗試過幾次想找瑪莉卡談這件事，但她似乎刻意避而不談。在他還未和她面談前，同樣的情況又發生在另一位客戶上。卡爾氣憤不過，堅持要瑪莉卡等他一回辦公室就當面說清楚。瑪莉卡表示她獲得公司內部一位很高層經理的授權，可以與「關鍵目標客戶」洽談，不管是誰的責任區，而這是高層的業務開發計畫的一部分。結果是瑪莉卡幾個月前自己向那位高層經理提出這個計畫，而且獲得同意。卡爾是少數幾個受到影響的公關經理之一；瑪莉卡似乎獲得上層的完全授權，可以任意挑選她看上的客戶——她握有老闆的尚方寶劍。

如果這種事發生在你身上，你的第一個反應會是向加害者指出他們做的事。也許這其中有什麼誤會。做最好的假設，避免太武斷——至少在剛開始時！但當你發現光靠談話不會讓問題消失時，就需要一套處理的策略。理所當然的，在這類情況下，大多數人會想保護自己的地盤，所以我們先假設這是你的目標。

如果你的職責有白紙黑字的描述，對你會有幫助。職務描述和工作內容以清楚而不含糊的方式，明列你的職責。在快速變遷的時代，它們變得格外重要，尤其是當人們覺得沒有時間寫這類東西、認為沒有實質意義時，因為「反正內容隨時會改變！」你必須堅持在這方面很清楚，確保你的主管以書面同意這是你的角色。

然後想想其他利害關係者，特別是有影響力的人。你如何爭取他們站在你這一邊？運用水平思考。如果你繼續留在目前的角色、而且表現良好，對這些人有什麼好處？你能連結愈多人到你的職責、愈多人能從你良好的表現獲益，侵犯者得逞的可能性就愈小。避免抱怨和不顧一切的哀求，而採用有建設性和考量利益的方法。

一旦你已動員你的支持者，接著就必須考量如何讓別人不來侵擾你。這將視你面對的人帶有哪一種特性而定。對付野蠻人要比權謀家容易，因為野蠻人通常較少人支持。但由於兩類人的動機都是自私自利，最有效的技巧將是說服他們其他選項對他們個人最好。你有可能轉移他們的注意，不是指轉向另一個受害者，而是幫助他們瞭解他們目前的角色中有更好的機會。思考他們的動機——你的工作有哪些東西讓他們渴望擁有——那對他們有什麼重要性？然後想想這種需求能否以不同方式來滿足。另一種做法是，你可以指出他們追求的東西有哪些缺點。別做得太明顯，因為他們不太可能相信你。而且不要說謊。但如果你能設法傳達這個工作並不賺錢、風光、地位崇高、獎賞豐厚——或不是他們想追求的——也許就能阻擋他們。

這些都是間接的技巧。另一個方法甚至可以拿來當做後續技巧，但你可能需要更直接面對他們。如果你已嘗試過前述的方法，現在你必須思考直接談話會有什麼不同。顯然如果你有證據和盟友，對你會有幫助，所以先準備好所有相關的事實。想想你需要採取什麼策略。你的目標是什麼？對方的個性如何？哪一種方法可能奏效？你想說什麼？你不會說什麼？你可能希望拆穿他們，然後試想幾個假設狀況：「好，就算我可以把這個工作完全交給你——雖然利害相關人A、B和C可能不願意——但如果我這麼做，這行得通嗎？」有些人發現，這類討論確實能激發雙方及彼此的團隊共同合作的點子。要保持堅定，隨時想著你希望得到的結果。如果你做好準備工作並獲得必要的支持，便很可能讓他們順應你的思考方法。但如果陷入僵局，要試著確保你們至少同意下一步是：這種情況不應該聽任惡化太久。

這時候你可能需要協助，最好是來自你的上司，但人資部或公司其他部門的導師也可以。記住這類例子有一些結局是要求具有建設性的辭職，因為這可能符合公司裡有權位者的利益。整體來說，保護你的地盤牽涉到釐清事實、探究、做記錄——和有權力的利害相關者的支持——以及永遠牢記在心你想達成的結果。

04 成為抹黑的受害者

大多數人親身經歷過別人在背後說壞話。實際上，四〇%的人說過去一年這種事曾發生在他們身上——有趣的是，男性比率比女性高！如果這發生在你身上，你會知道那多令人生氣，即使只發生一次就停止。但如果有人經常、惡意且明目張膽地抹黑你，那會讓你精神受創。

案例研究

一家全球公司的第二高階主管發現自己成為所謂「董事會伏擊」的受害者。有人告訴他，他的上司——總經理——感覺受到他的威脅，並且暗中詆毀他。他捏造這位受害者在公司宴會喝醉並做出淫猥行為的指控。儘管這件事在內部調查獲得澄清，這位第二號主管卻遭到開除。他一狀告上法院，但在本書寫作時這件訴訟仍然懸而未決。

當發現有人在散播有關你的謠言時，你的情緒很容易失控，但保持客觀卻是必要的。你需要退一步評估事件，儘可能做到把你與犯行隔開。先專注在指控的內容，根據「無風不起浪」的原則，推想這件事是否有一部分事實？如果有，這可能不是原諒對方行為的理由，但可以作為你在處理這個狀況的策略指引。

你的最終目的是洗清你的名譽。但你需要怎麼做才能達成目的？如果指控完全是子虛烏有，那麼你必須加以否認，並確定別人相信你。要是這件事較主觀——如果你從稍微不同的觀點看，你可能發現指控來自哪裡——你可能需要矯正別人的觀感。不過，如果批評是事實，你必須先改變自己的行為，然後重建你的信譽。

思考事件的「什麼」、「何時」及「誰」：

什麼：由於對你的詆毀正到處流傳，你的名譽受到什麼影響？其他人怎麼看你？你該做些什麼？比較現在別人怎麼看你，和你希望別人怎麼看你？兩者之間有什麼差距？如何才能彌補這種差距？

何時：嘗試判斷謠言已經流傳了多久。如果你及早發現問題當然較好，但有些人發現流言已經散布好幾個月、甚至幾年，只是大家不知道該如何告訴他。在某些情況下，想改變觀感可能很困難，因為負面的印象可能已變成「公認看法」。

誰：雖然這很困難，但你必須知道惡意中傷已經流傳多廣。誰知道？誰告訴他們的？只是一個團隊裡的少數人嗎？或者八卦網早已把謠言傳得沸沸揚揚？

你終究避免不了必須與該負責任的人對談。你的方法將根據採用「否認」、「順應」或「改變」的策略而不同。顯然你必須讓他們知道他們的行為是無法被接受的。但在「無風不起浪」的原則下，你可能想瞭解謠言的起因。如果你可以承認、甚至同意一些較輕微的事，他們就較可能轉變對你的觀感。不過，別為了承認而承認，要確定他們改變看法。也別忘了，即使不同意對方說的話，也可以體諒他們的行為：「我可以瞭解你們的心情。」在某些情況中，建立共識是好事——即使只是為了避免再發生同樣的事。不管如何，你們應該以未來該怎麼做為目標，這可能包括他們「發表」某種形式的道歉，並幫助你重建信譽。

這是整件事最重要的部分：人們對你的看法已經改變。你可以找別人幫忙——例如你的直屬主管——但一般說來，你得帶頭做這件事。在某些情況下，只是糾正觀感可能就已足夠導正錯誤的記錄。這種技巧在謠言明顯沒有根據、不是事實的時候，效果最佳。你可以和受到「感染」的人談，證明謠言是假的。你也可以提供與八卦相反的具體證據。舉例來說，有一個人發現自己被許多人批評在多項指標的表現不佳，但最後證明事實上他達成了所有目標。

不過，當牽涉的問題較主觀——見仁見智——時，你可能需要用較細膩的方法來矯正人們的看法。回頭再做一次八卦分析。你現在的信譽如何？拿別人現在對你的看法，來比較你希望別人對你的看法。你該怎麼做才能改變別人的觀點？顯然行動勝過空想，但別悶著頭做，要讓別人也知道你在做：溝通極其重要。有些人可能對此感到不舒服，但這是非做不可的事。你應該對一些你挑選出來的人說明發生了什麼事，以及為什麼你認為這樣不對，然後徵詢他們的看法。告訴他們你計劃如何解決這個問題。尋求他們的意見，問他們你該怎麼做來矯正這件事。但要明智地挑選人，並讓他們知道你並非與所有人討論這件事。如果你選對了人，他們會變成你的支持者，協助撲滅殘餘的謠言。如果需要進一步的協助，你可以閱讀第十二章〈留下好印象〉。

最後，確定你的考績評量能反映真正的情況；你當然不希望在打考績的時候受到懲罰。

05 面對隱祕的企圖

大部分職場裡的人會對隱祕的企圖保持警覺，但許多人僅止於揣測背後發生的事。他們只是胡亂假設，而不知道正確與否。他們無法猜透對方的真正企圖或不滿。不過，精通政治的人能洞悉他人的想法，並對他們的觀點感興趣。他們關心同事是否表現出不高興。如果有人似乎做出詭祕的行為，他們會想知道為什麼。他們會發掘並處理隱祕的企圖。

案例研究

資深主管麥可爭取晉升的機會，但未能如願。那個職位落在從公司外面聘請來的安德魯身上，他正好和麥可是同一個領域的專家。麥可接受這個決定，準備照常工作。新人上任之前有一段不算短的延遲，但這段期間出乎麥可意料的是，安德魯一直未與他連絡。安德魯上任後似乎完全不想聽麥可向他做簡報，並馬上說他不但不同意麥可的管理風格，也不贊成麥可整個工作方法。麥可負責的部門之一出了一項錯誤，不久後麥可驚訝地發現自己和直接主管該部門的人面對公司的懲戒程序。安德魯公開斥責麥可和那位部門主管。當麥可找安德魯表示抗議時，安德魯告訴他這是攸關辭職的事件：他希望麥可離開公司。麥可的公司從未發生過對資深主管訴諸懲戒程序的事，而這個決定背後的企圖事實上是要除去麥可的第一步。由於麥可一個月前才在他的專業領域獲得一項全國性的傑出獎，也是公司歷來獲得如此殊榮的第一人，所以格外讓人猜不透安德魯隱祕的企圖。他是感受到麥可的威脅嗎？他嫉妒麥可得獎？不管動機如何，安德魯的行為被普遍認為是野蠻人的做法。

少數人對隱祕的企圖視而不見，他們只看事情的外表，並相信別人告訴他們的話。他們問：「你覺得滿意嗎？」別人回答「很滿意」，但事實上言不由衷，語調和身體語言透露的是不滿意。這些人通常屬於白目者。如果你是這樣，你必須仔細觀察訊號，發現別人是否不滿意、隱瞞、閃躲或言不由衷。思考別人實際上做什麼，然後比較他們說會做什麼。觀察其他人對可能不滿或隱瞞企圖者的反應。

不過，一旦你發現一個隱祕的企圖，你該怎麼做？如果時間充裕，你可以和其他人談。他們是否也已發現到？他們認為是怎麼回事？小心你問話的措辭，問他們認為X是不是有問題，和表達你的看法有很大的不同——尤其是如果你已經先和X談過。如果你這麼做，你們就和X一樣差勁、甚至更壞，因為你們是在X背後說他。思考有哪些因素可能影響了有隱祕企圖者的行為。公司裡是否有什麼變化可能影響他們——不管是正面或負面的？他們是否想爭取某個機會？團隊內部的情勢是否有變化？思考諸如此類的問題。

這些當然都是假設，而檢討這些假設狀況也有其必要。你可以單獨找那個人談，當然要審慎地讓你的表達顯得有建設性。不過，很可能他們會告訴你一切沒事，說你想太多。這時候很多人可能聳聳肩走開就算了。然而，如果他們有隱祕的企圖已是眾所皆知，你最好告訴他們。嘗試別讓對方感覺你似乎不相信他們，但你可以談論他們傳達的印象，和造成的影響。有些隱祕的企圖是下意識的：當事人不知道驅動他們的是什麼。談話有助於提升自覺，即使承認要花一點時間才發生。

這些做法仍然可能不管用，但至少你已試過。接下來呢？這時候你要記錄你的觀察摘要。觀察事情的經過。當然，如果別人有隱祕的企圖，也可能完全不會有影響，那是他們自己的事。但如果那對其他人——包括他們自己——有不利的影響，你就有必要密切注意。最重要的是，嘗試避免措手不及，或陷在交叉火網中。

06 受到打壓

六項與職涯發展有關的大問題最後一項是受到打壓。這是你的生活和職涯——而且你熱愛它——因此感覺受到打壓會帶來重大的個人壓力和挫折。這也可能導致信心、甚至能力的喪失。

案例研究

在我們的研究中，我們碰到四個不同的人發生同樣的事。他們的公司各自為資深員工推出彈性工作制，而且都大張旗鼓做了宣傳。這四個人都利用了彈性安排，但同事並不包容，他們對有人「早退」或在家工作頗有怨言。漸漸地這反映在他們的評量和考績上。儘管這四個人都達成自己的目標，卻被認為表現不佳。他們也被告知——兩位是被明白告知，兩位較委婉——如果繼續彈性工作，他們絕不可能升遷。

在職涯發展上，男性和女性有差異。男性比較可能向上司要求升遷，而且在較早的階段就如此。女性通常已經在一個位階工作一段時間，但對要求升遷仍然感到不自在。要求升遷似乎是天經地義，但表達渴望和興趣總會讓人不同程度的不自在。一位權謀家上司未把他的女性團隊成員列入升遷名單，只因為她未提出要求。他知道她已具備條件，但在中東，她知道如果她開口要求將有違文化。那位上司承認自己有意刁難她。

不過，如果你已經把自己的意願表達清楚，而且感覺自己受到打壓，你該怎麼做？不管談論這件事有多困難，你必須與上司談談如何才能讓你升遷。許多上司面對這種談話會閃躲或含糊其詞。這還不夠好，所以你必須運用問話的技巧，以建立明確而可測量的目標。但是要鼓起勇氣：答案可能是你還沒做好升遷的準備（至少在上司或公司的眼裡），因此你可能必須考慮繼續工作。但知道總比掛在心上好，尤其是因為你上司的意見可能不是公司其他人普遍的看法。接下來你才能思考轉調到其他部門或團隊。

假設你的上司是正面的，而你已為自己設定目標，接著你需要思考你在公司累積的本錢。大家都認識你嗎？他們對你的評價如何？在辨識哪些人已具備升遷條件時，資歷和信譽毫無疑問扮演重要角色。你可能需要主動爭取專案，並想出（可信且很好的）理由會見公司裡相關的重要人士。

另一方面，如果你的上司未同意你的升遷要求，而你真的想留下來，你面對的將是艱困的局面。但是還有希望，你可以和人資部談。如果你的上司歧視你，公司有明確的政策和程序可以讓你援用，而人資部將會建議你利用哪些規定。

在極端的情況下，你可能想跟上司的上司談，但要知道這是牽涉與上司關係的「核武選項」。如果需要進一步的協助，請參考第九章〈管理你的上司〉裡一些派得上用場的資訊。再者，如果你覺得這件事牽涉你的信譽，也請參考第十二章〈留下好印象〉。

正如本章初始提到的，辦公室裡挑戰你的政治可能多到每日都會碰上不同的情況。我們探討的只有六種——根據我們的研究，是最普遍遇到的情況——但無疑的你還會碰上其他挑戰。閱讀本書其餘章節將使你擁有一套工具箱，一旦熟悉操作後，你將可因應大部分可能在工作中碰到的考驗：簡而言之，讓你精通政治而能在公司中成為生存者。

第6章

掌握影響與說服的藝術

一位倫敦法律事務所的人資部經理在被問到「什麼叫精通政治？」，他回答說：「對我來說，這表示一個人知道他需要站在誰那一邊，才能促成某個決定；知道誰對促成一個計畫很重要；知道你需要誰參與；以及誰能幫助你達成目標。這也表示知道誰不能得罪或觸怒，或把誰排除在外。」

影響與說服是精通政治的基本成分。它牽涉對未來會發生什麼事胸有成竹，以及能洞悉大情勢，但如果你無法促成別人做你希望他們做的事，那麼你就稱不上精通！

我們在第二章中強調採取正面、積極方法的重要。這是必備條件：除非你準備好採取行動，否則你將無法對事件發揮影響力和達成你的目的。但這還不夠，我們身邊就有很多人儘管懷抱最良善的意圖，卻似乎完全無法發揮他們的影響力。或者更糟，他們激起完全相反的反應。這些人是低效率的影響者——不管客觀上他們的點子多好，其他人似乎一意阻撓他們。

影響力就是能讓事情照你希望的方向進行。這聽起來像權謀，但記住要精通政治牽涉到不只是有效能，還要基於高貴的理由。

因此，假設這都不成問題，下一個問題是：你如何讓別人對你說「好」？當然，最理想的是，他們願意聽你的是因為他們想這麼做——他們認為有道理、對願景充滿期待、相信這是正確的事，或他們對你敬佩到願意做任何你要求的事。次理想的是，有人遵照你的要求做，但心裡並不高興。

在現實世界，你也許也只能做到如此。例如，那可能是一件苦差事，或法規的要求，或者做這件事剛好超出別人的舒適區。訣竅在於認清這一點，並且掌握各種影響的技巧，讓你不僅能夠影響他們的想法，同時把可能的反對降至最低。

01

步驟一：決定影響的對象

有時候你要影響的對象非常明顯，但有時候卻很費猜疑。也許你需要考慮的是幾個不同的人——擔任不同的角色。他們包括：

- 決策者。
- 把關者。
- 已知的反對者。
- 已知的支持者。
- 意見形成者。
- 最終使用者。

當你思考發揮影響力時，往往最先想到的是決策者——在較單純的情況下，可能也是你唯一需要談的人。但在較複雜、牽涉許多當事者的情況下，決策者可能是你最後才要找的人。想想他們可能受到什麼限制，有哪些影響因素，以及決策者是否曾經碰過同類的情況。

也要弄清楚他們會徵詢誰的意見，他們最常聽從誰的意見。這些人可能是把關者。把關者通常能決定允許或不允許你見決策者，例如祕書或個人助理。你當然有必要與他們建立關係，但更重要的是——也許較不明顯——你要結識最終提出建議的人，以及決策者會徵詢並尊重的人。若不考慮這些人，你可能投資大量時間在決策者身上，結果卻發現未能說服把關者就是行不通。

然後你還得面對反對者和支持者。一般人通常很想忽略或嘗試規避敵人，只希望他們會消失。但瞭解他們抗拒的原因對你更有幫助，因為這能協助鞏固你的理由，增進說服他們接受你想法的機會。若少了這種瞭解，你就難以說服他們。此外，反對者或冷眼旁觀者若「歸順」你，往往能對你的論點提供強力的背書。

奇怪的是，許多人太不注意他們的盟友／支持者，一味專注在可能的阻礙者。這是個錯誤，錯失了強化你的提案、提供支持它的證據和創造強大支持力量的機會。支持者也可能以提供技巧建議來幫助你。

意見形成者是非正式的思想領袖，他們有這種地位可能是大家都喜歡他們和尊重他們的看法。另一個原因是，他們可能是相關領域的專家。當然，這些人也包括外部的顧問。

最後，考慮最終使用者也有其必要，他們是受到最終決策影響最大的人。

顯然，並非所有這些角色都會被影響或說服。但當你決定影響他們時，在實務上你有必要區別你說服的對象，把扮演不同角色的人分門別類，並考慮一種影響策略是否適用於每個類別。

02 步驟二：擬定你的影響策略

出人意料的，有許多人沒有影響策略，他們只是勇往直前，而在事情發展不如意時似乎十分驚訝。精通政治者知道必須花時間思考他們的目標，以及如何最可能達成。圖 6.1 顯示一套簡單的影響策略。

極其重要的是你希望的結果。這可能聽來理所當然，但我們有時候會欺騙自己，或無法百分之百確定最好的結果是什麼。例如，一位資深銀行家很頭痛一位粗魯、不會為人著想、而且很容易情緒失控的交易員，

圖 6.1

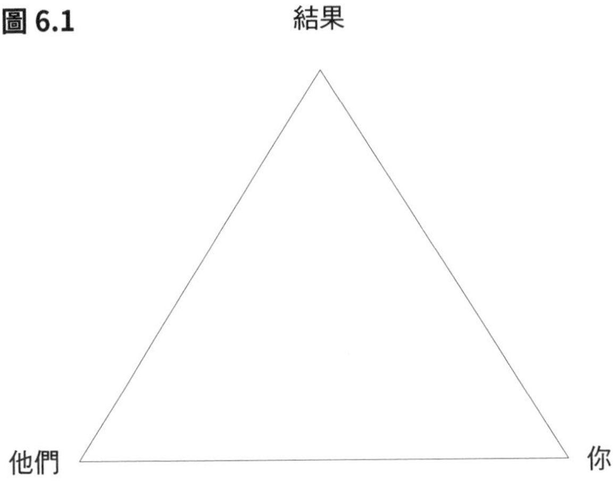

甚至在很重要的相關人士面前也是如此。起初這位經理明白表示他要影響這位交易員，讓他改變行為。不過，在仔細檢討後，他不得不承認恐怕無法達成理想結果。那位交易員實在不適合做這一行。因此，這位經理改變目標，開始說服他換工作，一個適合他的長處、而且他的壞行為只會影響他個人的工作。

因此，要對自己想要的結果很清楚和誠實。確定你已明白自己要達成什麼，然後才開始談。也不要排除你可能有不只一個目標的可能性：沒錯，你想要「贏」，然而一旦你已說服他們接受你的觀點後，你想要的結果可能有一部分會隨著改變。

然後把你的注意力轉向什麼可能影響其他人。你認為他們想要什麼結果？也許更重要的是，你有多瞭解他們的個性？他們很理性或比較直覺反應？他們喜歡先花時間思考才反應，或偏好把話說清楚？他們注意小節或大局？這些面向都對你擬定談話論點有影響，也攸關你用什麼方式找他們談，和你可能需要哪些輔助資訊。

這帶我們進入影響策略的第三個成分——你！截至目前你已蒐集許多資訊，接下來你將如何影響別人？你該準備什麼？你需要採取哪一種行為？你應該爭取別人支持你的論點嗎？你可以藉助哪些力量？你要用哪一種語調？你可以給他們哪些回報？

你必須先把這些全都想清楚——即使只是思考幾分鐘——然後才對其他人展開你的做法。但要小心別太執著於你的計畫：有時候因為事先做好準備，反而讓你的彈性受限。對別人說的話有所回應是影響別人的重要因素，而一旦你與別人交談後，你可能必須修改方法——甚至修正你想要的結果。事實上，許多善於影響的人認為，擬定清楚的策略並接受其極限，是讓他們能夠修正策略的必要因素，因為他們將很清楚修正策略會造成什麼影響。總之，專注於你的策略，但保持技巧的彈性。

03 步驟三：遵守一些基本原則

你採用的影響風格必須適合特定的情況和你面對的不同聽眾。本章後面會談到更多這個主題，不過，這裡有一些通則是你在計劃影響他人時可以採用的：

- **站在對方的立場思考**——對他們來說，什麼才是好的結果？他們的想法和感覺如何？你愈瞭解他們的動機和顧慮，就愈能融入他們的思維，也愈能影響他們。
- **專注在對方身上**——做目光接觸，真正對他們感興趣，並嘗試與他們建立盟友關係。
- **模仿並配合對方**——當融洽的關係自然建立後，你會發現兩個人的坐姿會類似，並且使用共同的語言，展現同樣的熱情。如果一開始融洽關係不存在，你必須創造它。模仿和配合對方的身體語言是激發友好氣氛的好方法。

- **引導**——一旦與對方進入「融洽氣氛」後，你可以開始引導他們。舉例來說，如果你的提議開始獲得共鳴，你可能先以受到感染的方式模仿對方的情緒，然後慢慢帶領對方進入更高昂的氣氛。你剛開始說的話可能類似：「好，我瞭解你可能還不太相信這件事，你需要我再給你哪些資訊才能說服你？」
- **展現相互的支持**——如果你說話用「我們」、而非「我」，你便不斷創造你們在這件事站在同一邊的印象。這個簡單的語言轉換也可以把可能針鋒相對的辯論，改變成專注於解決問題。
- **尋找共同的立場**——大多數人的第一個反應是專注於歧見，這幾乎是人性使然。但可能的話，先尋找共識的部分、彼此一致的意見，然後設法加以利用。
- **專注在你的非語言訊號**——表情、姿態和語調傳達給別人的訊息，遠超過你使用的語言。因此很重要的是，確保你的非語言行為都能幫助你傳達「我值得信任，而且我真的希望我們做成這件事」。當然，如果你的立場與他們一致而非不同，就更容易達成這種結果。因此你可以嘗試：
  - 先說明你希望達成什麼，以及為什麼。
  - 從容不迫地提出你的要求。
  - 保持開放和誠實，同時對別人的需要、渴望和感覺保持敏銳。

——真心希望達成雙贏的結果。

● **適可而止**——當你達成目的後，別步步進逼。許多人在別人已經同意他們的要求後，還想繼續「影響他人」，這不僅可能惹惱對方，甚至會導致他們改變心意！

● **傾聽**——最後這一點對成為有效的影響者極其重要，值得用另一節來說明……

04 步驟四：傾聽

當我們想到影響別人時，經常把所有注意力放在我們想說什麼上，忘了在影響時最重要的一件事：傾聽。一家大型零售公司的主管表示，他很驚訝這個重要的技巧被列為影響和說服工具箱的一部分。他說：「光坐在那裡什麼也不說，肯定無法說服任何人做任何事。」他原本不相信傾聽，直到一位同事借用銷售員的比喻說：「你會向誰購買——一個讓你坐著聽幾個小時產品功能與好品質、讓你無聊死了的人，或者仔細聽你的問題、似乎能瞭解他們，然後最後一刻提出為你解決問題方法的人？」這時候他相信了。

但要做到恰如其分的傾聽相當困難。你必須有絕佳的專注力和堅強的毅力，才能百分之百保持傾聽。困難的程度也有不同等級：

● **第一級──表面上在聽**：你只是聽到對方說話的大概。也許你可能複述他們說的最後幾句話，但你沒有聽進去他們說的。這種類型的談話往往是單向的，說話的人可能對自己說的內容失去信心和興趣。

● **第二級──為資訊而傾聽**：你聽到所有的事實和數字，但聽到的只是表面，對說話者的感覺和情緒毫無所悉。這種談話比第一級多點雙向，但你問的問題都只是發生什麼事、什麼時候發生──問題的目的在於獲得純數據。在這種情況下，你可能發現自己忽視對方尋求協助的訊息，只顧及解決表面的問題而非深入的原因。

● **第三級──傾聽感覺和情緒**：如此你將可更瞭解話語背後的情況。你要觀察非語言的訊號，並在問話中探尋更深入的意旨。問題的類型將屬於為什麼發生這件事，以及他們的感覺。這讓你得以深入問題的核心，也讓別人感覺受尊重──這是很有說服力的組合。

如果要更成功地影響他人，第三級的傾聽極其重要。但避免做假設。仔細擬定開放的問題，將可確保你直達問題的核心，瞭解別人最重視的事，而不致誤入歧途。積極傾聽的其他訣竅如下：

- **停止說話**——尤其是要停止你內心叨絮不休的交談，並且要回應對方說的話。嘗試克制自己發表評論，讓別人把話說完。問題、爭論或想法的核心往往是最後幾句話。當我們處於極熟悉的情況下時，這一點尤其重要。我們往往幫別人把話說完，在沒有傾聽他們真正說什麼時就想好答案。
- **關心**——你必須夠關心別人和別人的觀點，才能積極傾聽他們。你也必須有想改進傾聽技巧的想法。缺少這種動機，你只是在做表面功夫。
- **放鬆**——研究顯示，緊張會降低我們聽覺的有效性。所以好的傾聽者必須放鬆。
- **更換場所**——可能的話，找一個不受打擾的地方，避免分心的事物破壞了彼此的交流。
- **保持客觀**——留意你個人的偏見，並有意識地阻止它們影響你的判斷。
- **保持注意力集中**——藉展現你在傾聽來讓說話者暢所欲言。好傾聽者不會東張西望，或在他們說話時打簡訊。藉點頭、保持目光接觸和專注的身體語言，來表現你在傾聽。我們依賴別人臉上的表情，來判斷我們的談話是否溝通無礙。

- **耐心**——別催促談話，給別人時間。
- **記錄前徵求同意**——如果你必須做筆記，先解釋你在做什麼，詢問能否這麼做。你可以怪罪自己記憶力差。說明你做筆記是因為對你聽到的事物感興趣，或認為很重要。但要看著對方，而不是你的筆記本！
- **重新確認**——嘗試複述對方說過的話，儘可能使用他們的語句。他們可能因此對你聽到他們想說的話更有信心。這也有助於你回想。
- **建立共識**——確立別人的論點或立場，但避免用它來反駁他們的觀點、並以你的想法來取代。
- **表達支持**——表達你的興趣，並鼓勵說話者繼續。
- **組織**——協助說話者發展並組織他們的想法。摘要重點，並表示同意，然後才繼續。
- **留心言外之意**——除了對方說的話外，也要注意他們的言外之意。往往言外之意比說出來的更重要。
- **仔細觀察**——注意身體語言等非語言的訊號。

05 步驟五：使用正確的影響技巧

截至目前，我們已談到你必須影響的關鍵人物、擬定策略、一些基本原則，以及積極傾聽的藝術。如果你過去未照這些建議做，而現在已開始這麼做，你的影響力將因此大增。不過，若要進入下一個步驟，選擇正確的影響技巧十分重要。每個人各有所好，對一個人有效的做法——能讓他們照你的意思做——對另一個人可能完全無效。此外，不同的情況需要不同的方法。善於影響者有能力評估人和情況，然後運用合適的方法。若要成功，你選擇的技巧應該具備如下的條件：

- 合乎道德，且社會可以接受。
- 用於正當的要求。
- 符合你的地位，以及你與嘗試影響者的關係。

- 有技巧地使用。
- 符合對方的價值。
- 適合對方的個性。

大致說來，影響技巧分為兩個範疇：推力技巧，即積極地引導個人朝向特定的行動方向前進；以及拉力技巧，即以更隱晦的方式吸引對方朝向特定的行動方向前進。雖然兩者有重疊之處，推力技巧比較類似說服，而拉力技巧則與影響有關。

你會採用哪一類技巧？思考你平常使用的影響技巧，然後回答表 6.2 的問題，根據你是否使用這類技巧，給自己打適當的分數（參考表 6.1）。

你在任何一欄的分數愈高，就愈可能使用這種特定的影響技巧（下面會詳述）。任何一欄分數若超過二十八分就是高分。

表 6.1

● 從不	計 1 分
● 偶爾	計 2 分
● 一般	計 3 分
● 頻繁	計 4 分
● 很頻繁	計 5 分

表 6.2

	分數		分數		分數		分數
1. 我以他人的價值和渴望為訴求。		2. 我很仔細傾聽別人說話。		3. 我永遠準備好以事實和數字來支持我的論點。		4. 我不反對以互惠來達成目的。	
5. 我以說話的方式可以使他人振奮。		6. 我隨時願意承認我的錯誤。		7. 我可以很快看出別人想法的缺失。		8. 我明白表達我對別人的期待。	
9. 我著重於團隊成就。		10. 我尋求別人的建議，然後才提供我的想法。		11. 別人可以信賴我會提出點子。		12. 我會獎勵別人的成功。	
13. 我以共同的目標和目的為訴求。		14. 我坦然表達我個人關切的事。		15. 我準備要爭取別人支持我的論點。		16. 我不畏懼克服不好的表現。	
17. 我可以用他人無法企及的方式表達事情。		18. 我分派別人承擔重要責任。		19. 我會運用我的職位／地位來讓別人同意我的提議。		20. 必要時我會施加壓力，以達成我要做的事。	
21. 我會創造「我們是站在同一邊的感覺」。		22. 我真的會設身處地為別人想。		23. 我喜歡針鋒相對的邏輯辯論。		24. 我喜歡與人討價還價和協商。	
25. 我有信心我們可以達成。		26. 我總是會確定我的瞭解正確無誤。		27. 我總是隨時準備好提出相反的論點。		28. 我相信驅動大部分人的是恐懼或貪婪。	
29. 我能夠描繪很生動、刺激的圖像。		30. 我總是確保每個人都可以表達意見。		31. 我很樂於為自己的論點辯護。		32. 我總是會稱讚別人把事情做好。	
第一欄總分		第二欄總分		第三欄總分		第四欄總分	

不過，重點不在於高分或低分——有人給自己全部都評五十幾分，而有人雖然行為方式類似，只給自己三十或四十幾分。重要的是你得使用恰當的技巧：「面對這種情況和這個人，我做的對嗎？」下面四段說明各欄所使用的技巧。

第一欄：魅力—激勵型。使用魅力，以鼓舞的方式影響人，屬於拉力技巧。重點在於描繪生活的景像，以令人難以抗拒的方式描述它，激發別人振奮的感覺。這時候人們會採納你的計畫，把你視為團隊的一員。這種技巧也訴求人的價值和渴望，藉以強調必須做什麼事。團隊的領導者，或沒有權力、卻帶領人們想法的人，很適合這種技巧。整體來說，被形容為有鼓舞力和激勵性的人，適合使用這種影響方式。

第二欄：感受—個人型。利用移情作用這種高度個人影響力的工具，也屬於拉力技巧。以這種方法影響往往讓人感受被尊重和有價值，因為有人傾聽他們說話，瞭解他們的想法，並且對他們敞開心胸。這能創造團隊中的忠誠和信任，以及無私與犧牲的精神。這種影響技巧可用在所有方向——你的上司、團隊和同僚——能增進對工作的投入。不過，記住這可能對較感性而非邏輯的人比較有用，對較邏輯的人你可能需要增添一些事實與數字的訴求。

第三欄：邏輯─理性型。強調邏輯的方法屬於推力技巧。它需要做功課，掌握所有事實與數字，並準備好為自己的論點辯論，不管有多激烈。這是理性而非感性的影響方法，適合用於嚴謹論證很重要的情況，例如你要求管理階層投資在一項計畫上。在這種情況下，評估成本、詳述利益，並能確實支持你的論點極其重要。這種方法的潛在缺點之一是，對方知道有人想說服他們，並因而感到厭惡。不過，只要運用得當，邏輯技巧可用在任何方向，尤其是對上司或你沒有管轄權的其他部門同事最有效。為什麼？因為論點往往很有說服力：風險似乎很小、收益唾手可得、業務的做法清楚明瞭。當面對很邏輯和／或不願冒險的人──不管他們在公司擔任什麼職務，以及談論什麼主題──這種技巧也很有用。

第四欄：命令─強力型。同樣的，這屬於推力技巧──胡蘿蔔與棍子是為這種人創造的！強力的方法牽涉說清楚對人的期望是什麼，並獎勵他們的成功，當然，也懲罰他們的失敗。達成目標很重要，因此個人不會避諱施予恩惠或施加壓力──會想盡辦法達成目標。強力技巧只有在對直接聽令於你的人才有用，通常有正式的掌控權──例如，你領導的團隊，或者供應商。因為是推力技巧，接受者可能感到不舒服。不過，如果以有說服力、甚至鼓舞人的方式善加利用，它可能成功地號召和激勵人。此外，如果這一欄分數低，可能意味你不清楚好績效的條件為何。這也可能意味你沒有給團隊必要的意見，包括肯定優點和指正缺點。因此在慶幸自己沒有用這種影響方式前，想想沒有用它可能造成什麼影響。

在真實世界中，事情很少以前幾節所述截然分明的方式呈現，因此你可能發現自己必須使用混合的技巧才能達成目標，即交替使用推和拉的技巧。但廣泛地說，影響的重要因素包括下列幾項：

- **洞悉別人想些什麼。**
- **真正傾聽他們說什麼——和沒說什麼。**
- **變通採取適當的說服方式，以協助你達成目標。**

案例研究

露絲是顧問，在她花多年時間培養一家客戶後，這家公司換了執行長。新執行長查爾斯有自己偏好的顧問，而且已合作多年。露絲知道她的業務岌岌可危，必須謹慎行事。她擬定一套影響策略。首先，列出主要的利害關係人很重要：高層經理必須贊同露絲和她的同事提出的計畫，因此露絲徹底檢討已經在執行的工作，然後要求策略部的主管建議那位新執行長與露絲開會。在開會時，露絲決定她要先採用拉力技巧：她打算問有關他有什麼策略的問題，仔細聽並提出有用的見解。但她知道這個階段不會持續太久，他會想聽聽顧問的建議，和有哪些證據。於是露絲改採理性技巧，運用她檢討工作的發現，提供證據說明一些成功的計畫。她以友善但堅定的方式傳達這些資訊，並小心地不老是談生硬的數據。露絲遞出一份簡短的報告，然後回到拉力技巧，先問更多問題，然後從查爾斯的答覆整合他的想法成為一個願景。接著她開始談下一步的做法。她審慎地模仿他的身體語言，並建立彼此的好感，因而成功地影響了這位新執行長。她保住了客戶。

06 小結

我們已討論了明顯而積極的影響——你有意識地做一些事，來促使別人照你的想法做事。不過，你沒有辦法不影響別人！你與別人見面或不見面、你的行為模式、傳達的訊息、寄出或未寄出的電子郵件——總之，你做的一切——對別人都會產生某些影響，但它們可能是你希望、或不希望的影響。事實上，你可能達到完全相反的效果。但這就是影響。你能造成什麼影響？在十二章我們會談論你的形象和信譽，但此處還有一些可以造成影響的因素值得思考。有四四%的人觀察到，他們的同事會互相調情，這個比率高得驚人。有趣的是，屬於野蠻人類型的人較可能同意這種說法，因為這可能是他們影響人的方法之一！除此之外，超過半數的人認為，在他們的工作場所裡，生理吸引力在職涯發展中有其重要性。這個結果暗示，如果你為男性上司工作，這種情況屬實的可能性會較高。在民間公司這種情況也可能比公家機構普遍。出人意料的是，屬於明星類型的人比其他人較可能同意生理吸引力之於職涯發展的重要性。也許這確實反映了真實世界的情況。

第7章

瞭解並處理衝突

只有43%的人同意「在我工作的地方，我們會以有建設性的方式處理衝突」。超過三分之一的人不同意。有趣的是，兩性之間有差異。感覺衝突未以有建設性的方法處理的女性，比男性多出80%。而且，如果你為女性上司工作，你對團隊裡處理衝突的方式感到極不滿的可能性，會是兩倍高。

衝突處處可見，你每天都可能目睹某種形式的衝突——而家裡也一樣。因此，有人否認衝突的存在確實令人驚訝：「沒有！這個團隊裡沒有衝突，完全沒有。我們絕對和諧。」如果真是如此，你可以說這裡也不會有創造力和挑戰；和辦公室政治一樣，衝突可能是正面或負面的。否認衝突存在，可能部分原因是誤解了衝突是什麼。衝突可以定義為「任何你的渴望、需要、觀點或你的目的，與另一個人不同」。衝突和爭執不同，因為爭執意味你讓問題檯面化。但你可以選擇是否為一個問題爭執。衝突也可能存在於其他人不知道的情況。同樣的，是否提出問題取決於你。

那麼我們為什麼談衝突？為什麼它與我們探究的精通辦公室政治有關？我們的研究很清楚地顯示，大部分負面的政治操作是衝突的結果。例如，人們為有限的資源競爭，或發生意見不合，或扮演的角色註定有衝突，或團隊爭搶成功專案的功勞，或者只是兩個人彼此無法忍受！在今日的商務中，若沒有辨識衝突的能力就不可能精通，包括辨識既有的或潛在的衝突，然後你還必須以最適當的方式處理。

案例研究

在一家知名企業中，兩個人競爭一個副理的職位，結果由瑪麗亞脫穎而出，她不但較晚進入這家公司，而且在這個領域經驗較少，雖然她稱得上是較「資深」。另一個候選人露西亞十分失望，但很快在另一個部門獲得一個未經公告甄選的經理職位，讓她立即變得比瑪麗亞更資深。這導致兩人彼此嫉視。不過，不久後瑪麗亞也升遷為經理，這意味她們未來得在同一個主管團隊中合作。更糟的是，兩人的職務既必須彼此緊密配合，又帶著無可避免的衝突性質：露西亞負責管理主要合夥人的關係，而瑪麗亞則負責合夥人的績效。只有兩個很親近的同僚才能把這件事做好。她們的關係快速惡化，主管團隊的同僚無法忍受兩人同在一個房間的氣氛，公司的績效也隨之滑落。瑪麗亞似乎一有機會就說露西亞的壞話，反過來露西亞也明白告訴屬下不要與瑪麗亞的團隊合作。原本是這個負面政治攻防的受害者們也被捲入其中，發現自己被指控「耍手段」，只因為大家都聽彼此上司的話。執行長在這件事要負很大責任，因為他未設法解決問題。未能面對和處理衝突的結果之一是，最後一個人憤恨不平地被迫離開公司，因為似乎沒有其他方法可以解決兩人的問題。

處理衝突的能力極其重要，但許多人拙於此事。因此在本章中，我們將看看衝突是什麼，以及你該如何有效地處理它。

01 瞭解自己處理衝突的方法

有些人似乎歡迎解決爭執的機會，但有些人連最溫和的爭辯都避之唯恐不及。這似乎與個性有關，因為大多數人對問題發生時會有「典型」的反應。你屬於眾多類型中的哪一種？你會熱烈地與別人爭辯，或者一有衝突的跡象就退縮？回想你上一次對別人做的事發怒，或你處在完全無法忍受的情況，或者有人反對你看法的情況。你第一個念頭是什麼？它們可以歸為下列哪一個（或全部）類別？

第一類反應：不，我受不了了——我真希望問題會消失！
第二類反應：我也許下週會處理這個問題——現在不是時候。
第三類反應：我要教訓一下這個混蛋——馬上。
第四類反應：我們把話談清楚——我們想達成什麼結果？

第一類反應是逃避策略：「如果我閉上眼睛，假裝什麼事都沒發生，它可能消失。」或者可能是：「這件事讓我受不了，我就是無法面對它。」採取逃避策略有各式各樣的理由，有人可能對爭執的可能性極度焦慮，或者可能害怕傷害對方。或者他們真的相信問題通常會自己解決。在現實中，問題很少自己消失：通常它們會化膿潰爛，人們會表現出愈來愈沒有建設性的行為，情況往往更加惡化。

第二類反應顯示拖延策略：「我很清楚有問題，但我現在沒有時間／膽量／意願處理它。我會等下週再檢討狀況，看看問題還在不在，也許到時候已經消失，如果還存在，我會嘗試解決。」這種情況通常會演變成當事人不斷拖延面對問題，直到最後羞於處理它。這時候，第二類的拖延反應會變成第一類的逃避反應。每當年度績效考評接近時，就會發生許多這種例子。許多人會對得到的評語感到驚訝：「我真希望有人早點告訴我。」

第三類反應屬於侵略型策略：「他們怎麼可以這樣做？我要教訓他們。等我教訓過後，他們就不敢這麼膽大妄為了。」採用這種行為模式的人常常以意氣之爭看事情，一不順心就情緒激動。他們不逃避問題，不容許問題持續惡化。但他們雖勇於面對問題，卻往往採取敵對、零和遊戲（我贏你輸）的方式。這種策略常挑起別人的敵對態度，因此是缺乏建設性的，因為人（和其他動物不同）生性會以反侵略來回應侵略，而不會輕易屈服。

第四類反應牽涉解決問題的策略：「我不喜歡這件事，但我相信他們這麼做一定有原因——讓我探究一下怎麼回事，然後再來想辦法解決。」這種方法承認人的行為都有原因，並相信除非知道原因是什麼，否則無法採取具體的行動。採用解決問題策略的人不逃避、也不拖延，而且不會衝動地輕舉妄動。這是一種較合作、願意傾聽和妥協的方法，通常效果很好，除非碰上極少數對建立和諧關係完全不感興趣的人。這種人——有時候被稱作反社會者——認為和平共存是弱者的方式，他們如果一天沒有讓別人痛苦難當，就覺得那天白過了。

以上哪一種策略最接近你的方法？也許你在不同的情況會採用不同的方式。為什麼？我們行為背後的原因有無數種，表7.1列出幾種觀念，可以幫助尋找你未能有效處理衝突的原因。

你常聽到自己說下列的哪些話，或有那樣的想法？還有哪些別的話和想法？仔細思考並嘗試描繪你在不同情況下、面對不同的人會有哪些行為，還有你通常會落入哪些行為模式。

你必須瞭解自己的動機是什麼，並準備好挑戰自己動機的各部分。如果你真的對自己誠實，你可能得承認，許多逃避和拖延面對問題的理由實際上是站不住腳的。通常你總是有權利處理與別人之間共同關切的問題，如果你對伸張這種權利感到不自在，這就是一個值得解決的問題。你必須先認清這種不自在的原因：是因為自視太低，或害怕失敗使你裹足不前？也許你並不是真是想解決問題。你寧可坐視問題發生、抱怨並扮演受害者；也許你想一吐為快，表達你的不滿。

成功的衝突解決方法需要兩樣東西，

表 7.1

● 我沒有權利。	● 我懶得理他們。
● 我沒有地位。	● 我沒有時間。
● 我不確定我的立場。	● 他們沒有時間。
● 他們威脅我。	● 我真的不想解決這個問題。
● 我不喜歡他們。	● 我不喜歡傷害別人。
● 我喜歡他們。	● 他們認為是小事（但對我很重要）。
● 他們可能不再喜歡我。	● 那太難了。
● 他們可能不再尊敬我。	● 那太敏感了。
● 我會讓他們知道誰是老大。	● 我不知道所有的事實。
● 我會教訓他們別來惹我。	● 他們不會改變的。
● 我最好認了，忘掉這件事。	● 這沒什麼大不了。

第一是真正想解決問題的渴望，第二是客觀評估情勢的能力——即使是面對極個人的問題時——並且能擬出專注在解決衝突、而非只是讓你感覺爽快的方法。設定明確的目標極其重要。而且，如果你不善於處理衝突、或對衝突感到不自在，那麼第二章討論的重新建構技巧將很有幫助。

02

瞭解衝突的來源

在決定如何處理一個問題前，必須瞭解衝突是怎麼產生的。首先，衝突有多真實？你能夠誠實地辨識兩種意見真正的差別，或者你只是覺得個人受到輕視？即使是後者，你仍然可以選擇採取行動，但你還是得弄清楚真正的原因：自我受挫和根本的歧見不同。當你相信衝突存在時，接著要決定誰要負責。別把氣發洩在告訴你惡耗的人；同樣的，也要為不幸夾在中間的人設想，也就是那些在不對的時間站在不對邊的人。要很清楚與你有衝突的人是誰，然後嘗試弄明白為什麼你的對手抱著與你不同的看法。記住負面的政治操作可能正在進行中，所以有必要探究對方的動機和意圖。你是否認為發生的事出於良善的意圖，或者它們透露出某種權謀的傾向？同樣的，你會如何形容他們採用的方法？他們是否誠實、光明磊落，或者用了一些詭詐的手段？這是卑劣的手段，或者是陰謀；是誤解或疏忽？或者他們只是用跟你不同的觀點看待事情？把政治因素納入你對情況的分析中，將可協助你精明地選擇採取何種行動。

也別忘記，衝突往往反映出組織的特性，而非個人之間的差異。你感覺別人並未保持水準、或遵循公司的價值，但很可能問題出在公司組織，或角色未清楚界定。這兩種情況都會引導人（無辜地）誤入歧途，跨入別人認為不適宜的領域。在一個例子裡，一位部門經理公開怪罪另一個部門的同僚造成他的婚姻破裂。這實際上是公司的問題；他們的角色重疊。他們也痛恨彼此，但那是另一回事。

最後，衝突的演進過程如何？其他人如何捲入其中？這對你的名聲有不良影響嗎？是否阻礙你的工作表現？如果是，解決這些附帶的問題也必須納入你的計畫中。

03 行動或不行動

雖然衝突逃避者永遠找得到不採取行動的理由，但在有某些理由的情況下，確實不應該處理特定的問題。我們在本章後面會談到這類例子，不過，在衝突發生時至少嘗試解決它們通常是明智的，因為不解決通常會有下述的缺點：

傷害你：隱忍並擔心別人對你有什麼企圖、或背後說你什麼，往往帶給你很大的壓力，這可能嚴重影響你的情緒和健康。瑞典斯德哥爾摩大學的研究人員，從一九九〇年代初到二〇〇三年，研究兩千七百五十五名男性員工，問他們如何處理工作中的不公平待遇或衝突，並進行一系列的測量，包括血壓、身體質量指數（BMI）和膽固醇水準。研究人員記錄這些員工是否使用逃避技巧，例如從現場離開，以及他們是否經常有頭痛和其他身體症狀。在調整過這些員工的工作壓力、生理因素後，研究人員發現那些經常隱忍憤怒而不公開表達的人，心臟病突發或罹患其他心臟疾病的可能性是其他人的兩倍。一連串的研究也發現類似的結果，因此你如果想善待自己，應該把問題說出來，並加以解決。

傷害別人：這適用於面對與衝突有關的當事人，以及無辜的旁觀者。有時候衝突的感覺就足以引發沉重的壓力。兩個接近的同事彼此不說話幾個月，他們各有不說話的理由，但都是出於誤解。等到他們終於知道彼此的誤解後，他們的團隊也已經分裂。他們之間並沒有實質的衝突——一位公正的調停者花三十分鐘就能把問題解決。

傷害公司：不管何種性質的人際衝突，最終不可避免地會傷害組織：浪費在八卦或說壞話的時間當然會削弱生產力。當情況惡化到失控時，負面的政治操作甚至對企業獲利有不利的影響。拒絕面對問題最終會造成這種傷害。工作的品質會受害，顧客可能受到不一致和低劣的服務。報復的行動可能擴大到公事，導致公司信譽受損。

如果你還不確定是否要面對衝突，以下有一個簡單的測試：如果這個問題不解決，它會造成什麼影響？

- 會使另一個人繼續達不到最佳表現——不管影響有多輕微？
- 另一個人會不會受到個人的傷害？
- 組織會不會受到任何形式的傷害——不管內部或對外？
- 你會不會繼續擔心另一個人的行動？
- 其他人會不會感覺難受？

如果這些問題有任何一個的答覆為「是」，那麼問題就有必要面對。而且，如果你是做這件事的合適人選，就必須採取行動。如果不是，也許你最好先保留實力，寧可把彈藥用在下一個真正重要的引爆點。

04 建立適當的衝突解決風格

湯瑪士（Kenneth W. Thomas）和基爾曼（Ralph H. Kilmann）是衝突的權威學者，他們認為，在衝突的情況中，你必須做兩個基本決定：多有自主性，以及多合作。以他們的用語來說，「自主性」牽涉你在爭論中想「贏」到什麼程度——或讓你的觀點佔上風。「合作」剛好相反——讓對方達到目的會使你多快樂。視你對這兩個問題的反應而定，你有五種解決衝突的基本方式可以選擇，請參考圖7.1。

1 **競爭：**競爭具有高度自主性，但完全不合作。這是當你想贏時會採用的風格：例如這可能在你知道自己是對的時候很適宜（或者至少強烈相信你是對的），或針對你有強烈感覺的事情時。如果事情牽涉到法律規定或某種道德困境時，你也會採用競爭方式。如果你採用這種方式，你可能表現出權威或喜歡指揮別人——甚至獨斷。另一種情況是，很可能你很有魅力和影響力——真正說服別人相信你的優點——所以雖然技術上你「贏」了，輸你的人能夠心服口服。結果視你如何採用這種風格而定，你有可能造成不好的感受，並因此傷害了關係，尤其如果你是喜歡或經常競爭的人。

2合作：在圖7.1右上角的合作同時具有高度自主性和高度合作性——典型的雙贏風格。這種方法適用於重要性很高、值得投資在獲致最佳結果、並滿足雙方主要需求的事情上。這類情況很可能是第一個人碰上了衝突，想採用某種解決方法，第二個人想採用另一種方法，兩人徹底長談後，共同協議採用第三種解決方法——能符合他們所有

圖 7.1

主要需求的方法。合作是對衝突採取建設性的方法。不過，過多合作讓其他人感覺很耗費時間和精力。

3妥協：妥協是各讓一步。這用在你選擇達成一項交易，進行典型的談判時。你得到一部分你想要的，另一個人也是如此。這種方法比合作快速，較為實事求是，因此適合較不重要的事情。不過，有一種風險是，你們最後可能得出雙方都覺得不滿意的結果。

4逃避：逃避既不自主、也不合作。不過，正如本章前面提到，逃避的策略在某些情況可能合宜——例如當事情很瑣碎時，或事情可能自己解決時。在由別人處理問題較適合的情況下，你可能想採用逃避策略。有時候雖然逃避不是最佳策略，但可能是唯一的選項；有時候不可能解決問題，甚至不值得你嘗試。有些戰爭根本不值得打。

5順應：順應是競爭的相反——高度合作，但沒有自主性。這是當你樂於見到另一個人贏時採取的方法；也許問題對你不重要，或對你的重要性遠不及對另一個人。另一種情況是，在你們開始討論這件事時，你可能發現別人也許有道理——他們的點子可能比你的有用。當你與對方的關係比碰上的事情重要時，順應也是合宜的方法。如果你選擇順應，最好能表達你的彈性和心胸開放——並且強調這是特殊的情況。這有助於你獲得順應的功勞，並降低你的行為立下壞前例的風險。

05 對症下藥

湯瑪士和基爾曼認為，這些方法適用於不同的時機和不同的情況，訣竅在於知道採用哪一種，和擁有執行的技巧。在選擇你的衝突解決方法上，你永遠必須考慮另一個人的個性，以及衝突的性質。困難在於大多數人往往只用一、兩種方法，視他們的個性而定。例如，有些人可能停留在矩陣的下半部；他們不善於主張自己的要求。這可能因為他們不喜歡要求幫忙，尤其是幫他們自己。或者他們只是寧可別人的願望得到滿足。成鮮明對比的是有競爭習慣的人，只有在他們相信自己提出的方案也能滿足別人的願望才偶爾合作。這種人具有高度自主性；他們只在合作不會減損自己贏的機會時才會合作。

當然，有許多種可能的組合，創造出種類繁多的個人風格，其中有些可能看起來互相矛盾。例如，經常可以看到有人既有高度競爭性，卻又經常逃避。表面上這些方法似乎彼此不相容，但當與符合這種風格的人談話時，你不會驚訝聽到他們說，當衝突發生時，他們會很快考慮①他們能不能贏，以及②他們認為值不值得拚命。然後他們根據這些問題的答案，做出是否競爭或逃避的決定。

如果要建立自己的風格，你可以利用「湯瑪士—基爾曼衝突模式工具」（TKI）。若需要更多資訊，可以連上 http://www.opp.eu.com/psychometric_instruments/tki。不過，若要粗略知道自己的個人傾向，可以研究表 7.2 的評論。看哪些評論最能精確總結對你最好的衝突解決方法。

如果你心裡對一種風格有更多想法，多過於其他風格，很可能你會偏好那種衝突解決方法。正如前面提到，五種方法適用於不同情境，但你必須瞭解究竟是哪些情境。一個有自然逃避傾向的人，十有八九會說服自己「最好還是閉嘴」是最佳策略；而高度競爭性的人會強烈感覺他們在大多數情況都理直氣壯——因此應該戰鬥。對自己誠實並挑戰自己的傾向極其重要，如此才能妥善處理衝突情況。積極地分析每一種情況，並堅持分析得出的方法，如此將能幫助你正確解決衝突。

表 7.2

競爭
我說了算。
贏非常重要。
我知道我對這件事的看法沒錯。
我追求目標總是堅持不懈。
我擅長說服別人接受我所提方案的優點與利益。

合作
眾志成城。
讓我們好好研究這個問題。
我嘗試採用解決問題的方法。
在衝突情況下，要善用別人的協助和貢獻。
讓我們把問題攤開來。

妥協
讓我們達成協議。
我們能不能各退一步？
讓我們找出共同點。
我願意在幾個方面讓步，如果你也能讓步的話。
這件事必須以務實的態度處理。

逃避
我明天再考慮看看。
我痛恨衝突。
這沒什麼大不了。
我不想小題大作。
這個問題實在不值得提出來。

順應
我很樂於這麼做。
這件事顯然對你很重要。
君子有成人之美。
我嘗試不傷害別人的感受。
保持關係永遠比贏得爭論重要。

06 行動！

當然，決定如何處理的關鍵因素之一是你想得到什麼結果：你真正想達成什麼？你必須在你進入辯論前就很清楚這一點。除了設想最好的情況外，也要做最糟的打算：你能接受什麼情況？在你與別人交手時能先想好這些腹案，將有助於確保你維持在軌道上，不管談話進行多麼曲折。

一旦你已設想好你要的結果，和你想採取五類方法的哪一種，你需要思考你可能經歷何種過程。例如，合作的方法可能看起來像圖 7.2：

同樣的，你可以改變這種做法，但瞭解如何規劃以達成你想要的目標，將有助於擬定一套良好的會談初始架構。

圖 7.2

定義想要的結果

- 事先思考透徹
- 對最有利的結果很清楚和誠實
- 嘗試預期另一方想要什麼

為會談定位

- 擬定目標和設想程序
- 說明你希望解決問題
- 徵得他們對程序的同意

瞭解他們的觀點

- 問他們對事情的看法
- 仔細傾聽
- 提出問題以確保你清楚瞭解

分享你的觀點

- 與他們分享你的看法
- 鼓勵他們仔細傾聽你說話
- 在適當的地方聯結他們說過的話

概述

- 概述雙方立場
- 強調彼此有共識的部分
- 概述必須解決的部分

討論可能性

- 同意雙方在理想狀況下想達成的結果
- 提出建議
- 討論並評估可能性

同意未來的安排

- 同意未來的最佳安排
- 同意下一步
- 行動

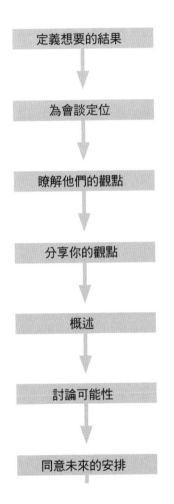

圖7.2的第二個方塊描述你如何為會談定位。這一步極為重要。如果你一開始就發動攻擊，就暗示問題出在他們，且他們必須改變，而這不太可能激起對方形成合作的心態。相反的，如果你承認你們之間出了一些問題，並表示你很想找到更有建設性的做法，便暗示了一種比較雙向、和分擔責任的程序。一開始就讓會談從正確的基礎出發至關緊要。儘可能從對方的觀點看事情。根據你對他們的瞭解，如何才能鼓勵他們對你採取接受、誠實和有建設性的態度？

然後你需要思考如何給他們回饋。試著避免落入常見的陷阱，例如批判，或使用情緒性的語言。

但你該如何做到這些？以下是一些當你要宣布壞消息時要牢記在心的訣竅：

- 表達你希望對方如何改變行為時，要做到十分具體，否則你的陳述聽在別人耳裡很可能變成「我不喜歡你這個人」，而不是「我認為你應該改變你的做法」。
- 確保時間和地點都很合宜。絕不要公開批評別人——這對他們來說是羞辱；選擇遠離團隊的隱祕場所，讓你們都能對問題暢所欲言。

- 儘可能不要拖延。雖然你偶爾必須給自己幾分鐘——或者幾小時——以冷靜下來，你不應拖延太久。為六個月前發生的事指責別人對彼此都沒有好處。讓破壞性的行為持續多年而不跟對方談，也不是理想的做法。
- 投入你的努力——給它應得的重視，並做充足的準備。即使是十分鐘的準備——在你想傳達的訊息、你想造成的影響，以及你應該以何種方式處理問題——就能改變一場對談的結果。
- 預期對方的反應——你如何讓訊息更容易被接受，也不會削弱其影響力？
- 平衡正面和負面的意見。
- 以非批判的方式傳達負面意見。可能的話，去除問題的個人成分：談一件具體的事，而不對個人做一概而論的評述。把背景加進來——尤其是要凸顯破壞性的行為或不良表現似乎是特例。保持體諒。提出適宜的例子。
- 專注於音調和語氣，使珍貴的資訊不被視為抱怨、批評、唉聲嘆氣或嘮叨。
- 當心不要好像在施予恩惠。
- 整個過程都要記住你是想解決問題。

幫助別人解決問題很類似影響和說服的技術——你必須對不同的人採取不同的方法。因此，做準備時參考前一章的內容可能對你有幫助。這將有助於你弄清楚自己面對的是哪一種人，以及何種情境。

第8章

處理破裂的關係

十個人裡有八個認為，在職場上應通力合作——愈精通政治的人愈是如此。三分之二的人同意，重點不在你懂什麼，而是你認識誰。逾半上班族表示同事會互相關心，41%相信在公司交到好朋友大有助益。有趣的是，男性贊成最後兩個論點的比例，較女性高出50%。所以，職場人際關係影響重大，關係決裂殺傷力更是如此：我們訪談過的每個人，都主動提及此一狀況。

1 良好關係的重要性

01 為什麼你需要良好的工作關係？

交情深厚的工作關係絕不是可有可無，很少工作不需要與他人維持深厚連結——最起碼必須與同事和老闆關係良好。但有些工作角色必須不斷調解顧客、供應商、其他利害關係人的需求——甚至要顧慮社會大眾。我們的研究顯示，在能彼此尊重而非只是互相容忍的工作環境裡，不僅心情較愉悅，工作也更起勁。今日可能尤甚以往，因為人脈被視為業務往來的關鍵技巧，而科技讓人頃刻間便能連絡各方人馬。一位企業高階主管形容：「強大的工作關係可為機器添加潤滑油！」

相反的，如果關係決裂，可能引發焦慮、侵略性和敵意。派系因而產生。人們浪費許多時間在發牢騷和暗箭傷人，造成更多紛爭。在我們的研究裡，幾乎每位受訪者都曾經歷過關係決裂的困擾。對很多人來說，這個問題甚至是進行式。選擇一走了之以省卻日日糾葛不清的人數超乎想像——雖然大多會後悔當初沒有更積極因應當時的政治操作，更努力修補人際關係。

因此，若要精通政治，你需要有與各式各樣人物打交道的能力。同時，也要能洞悉潛在問題，一發生就及早化解。遺憾的是，有建設性的工作關係經常全盤遭到誤解，包括實質內容和維繫方式兩方面。本章的目的在於澄清建立人脈的藝術，說明出差錯時的因應之道。

02 什麼是良好的工作關係？

儘管許多人相信，商務上的成功與建構良好工作關係的能力緊密相關，但仍有不少人認為，重點在喝酒搏感情和能熟知他人的私事。事實上，維持良好的工作關係無需搞「課外活動」。不過，你必須了解重點在達成雙贏，而非從他人的失敗得利。關鍵因素是：尊重、信任、傾聽和感同深受，且強調合作的力量更大。這可能深具挑戰性——讓個性南轅北轍的人建立強力的工作關係。與其擁有共同的想法和價值觀，他們反而應該截長補短，對事情能採取完全不同的觀點，使分析事理能夠獲得比同質性高的團隊更豐富和更好的判斷。不過，觀點不同也易滋生磨擦。這時候你們必須能跨越情緒，而能真正善加運用個人差異。認清必須考慮不同於自己行事方法的其他選項是一個起點。但光這樣還不夠。你還必須能評估不同風格，達到能利用眾人之力達成公司目標的境界。例如，心思縝密且講究方法的人可能無法見容於目標取向的急驚風。然而，前者的長處可用來扭轉策略不周延造成的災難。

2 維持良好關係的基礎

01 雙贏

許多角色表面看來似乎註定會有衝突；他們的運作似乎建立在非贏即輸的基礎。如果是這樣，有好關係有什麼用？案例包括銷售或業務開發部門之間，以及服務或產品製造部門之間的拉鋸。為了招攬生意上門，業務員有時削價競爭和／或作出過多承諾。這顯然讓負責交貨的部門為難——還可能損及獲利。類似的衝突也常見於資訊科技（開發相對於維修）、法規遵循和風險控管（降低風險相對於把握機會）等部門——以及許多其他注定敵對的部門間。那麼如何雙贏？要達成雙贏，你必須找到更高層次的共同目標。例如，系統開發和技術維修部門的人員，都必須確保公司有符合目標且品質足以信賴的資訊科技。銷售和交貨人員須通力合作，確保營收和獲利合乎組織要求。法規遵循則須確保公司業務在商業考量和合法經營之間取得平衡。儘管注定每日挫折不斷，但若能從公司立場、而非部門或個人的角度做策略思考，也能夠達成雙贏。

在其他地方，雙贏通常較顯而易見，協作與合作較容易，甚至於能相處融洽。當然，工作關係不必然反映出正式的組織結構。有些最有效的關係牽涉那些從組織圖上看不出關連的人，但他們能從彼此的關係而認知共通的利益。

02 尊重

彼此尊重是有效工作關係的基礎，已有許多研究試圖找出如何創造它。答案並不令人意外：關鍵就在互相兩字。如果你真心敬重別人，對方通常會投桃報李。將這個簡單道理付諸實行後，許多人只是藉由一起努力重視同事的貢獻，就同時改變了對別人和對自己的看法。但如果無法自然地尊重一個人，該如何培養這種態度呢？首先，你必須去認識對方。和他進行對話並且認真傾聽。為什麼他們這麼做？他們的動機是什麼？然後衡量他帶來的價值。如果你看不出價值所在，去請教對這人有較高評價的其他人。評估這人的長項帶來的好處。思考他的缺點是不是優點所不可避免的副作用——記住人人都有缺點！儘量寬容以待。

萬一想盡辦法還找不到尊重這個人的理由呢？我的看法也許會引發爭議，但我認為只有在你懷疑別人不道德——是權謀家和野蠻人——時，你才應該採取這種立場。如果不是這樣，你有兩條路可選：如果不是以前述的方法找到讚賞他的優點，就是費心對他們的行為表現提出意見。審慎準備你的理由，清楚表達你想要的結果（光是把資訊倒給對方還不夠；你要想好正面的結果），並且務必傾聽他們的看法：記住你是想找到可以看重對方的理由，不是想證實你的懷疑。所以，如果還有任何疑惑未明，要先相信對方。

03 信任

有效的工作關係另一個重要基礎是信任：一起合作的重要條件是你信任別人，他們也信任你。如果缺乏信任，人們會彼此猜忌、緊張、消極，有時還變得偏執。人們可能花很多時間打探真相，和掩飾自己的行為。

該如何建立信任呢？有一派認為，信任是沒有中間選項的二元選擇：要不就有，要不就沒有。也有人說，信任一旦破滅，永難重建。有些人初次見面就能交心——他們覺得輕而易舉——直到後來發現所託非人，因而關係決裂。其他人則因生性謹慎，要很長的時間才建立信任感。但不管屬於哪一種個性，信任能夠滋生信任：如同互相尊重一般，如果你信任別人，通常別人也會信任你。

在與人打交道和「說到做到」方面，你必須前後一致。如果你說某件事重要，行動就必須跟進——否則人們會指責你空口白話。有人找你吐露心聲，你要守口如瓶。你不應在背後論人是非。你承諾的事要能兌現。如果你做到這些，將證明你值得信賴。

但信任別人呢？如果他們做到上述條件，顯然你較可能認為他們誠實正直。如果沒有做到，你必須了解他們是用意良善但過份天真，還是動機可疑，也就是有權謀家或野蠻人的傾向。這是很敏感的領域：沒人喜歡聽別人說自己不值得信賴。但如果碰到動機純正的人，你應該向他們（最終是向自己）說明，他們的言行傳達出何種印象。然後讓他們選擇是否要改變。碰上權謀家和野蠻人的情況則完全不同：信任絕非上策——除非他們改變——你和他們的關係必須保持警覺。

04 傾聽

第六章已細談過傾聽。這當然也是精通辦公室政治和拓展有效人脈的基本面向：如果不知道對方的想法和態度，如何和他們建立關係？仔細耐心傾聽，聽情緒感受，也聽事實和資訊。藉摘要確認你的瞭解，來讓對方知道你的傾聽。很多人有聽、但讓人感覺不到在聽，因為他們沒有掌握住這個重點。另外，要回應對方說的話。這不表示要同意他們說的，而是表示分享你對某個議題的感受和看法。

05 同理心

同理心是能設身處地去了解他人感受的藝術。從他們的觀點看事情，站在同一立場，形成友好融洽的關係。也許你覺得，未曾身歷其境不可能感同身受。但情況並非如此。你只須運用想像力，不妄下錯誤假設。要如何才能做到？謹慎發問是重點——詢問對方對某個情況的看法，以及可能的解決之道，不要加入你的個人觀點。當然，傾聽回答的能力在這裡極為重要。注意肢體語言、呼吸頻率和心情變化。對心情低落的人來說，你溫言打氣或分享自己的熱情，效果極微。配合他們的動作和步調，但不要模仿取笑對方，幫助更大也更有效。再視合適的時機，開始提高你的能量並注入正面的想法——但千萬要循序漸進。

這些就是有效的工作關係。有時候建立得很辛苦，但投資將值回票價。你可以把一些同事當好朋友，但這並非必要條件；就算你們不是好友，也不妨礙雙方建立適當的工作關係。

3 處理決裂關係的方法

01 關係為何會決裂？

關係決裂會如何？

正如良好的工作關係有益組織，關係決裂往往造成問題。舉個極端的案例來說明。如果董事長和執行長無法忍受同處於一室，他們還能擬定有效的企業策略嗎？這種情況不可能隱瞞，員工、顧客和其他利害關係人很快會開始議論，太久後，分析師和記者也會發現。結果市場對這家企業喪失信心。較不極端、但仍會造成傷害的例子是，部門主管或團隊領導人間的嫌隙。缺少合作、暗地傷人和互相怪罪都是跡象，雙輸的情況很快就會浮現——特別是當眾人花更多時間在確保自己不會為失敗負責，超過花在嘗試矯錯的時間。這個狀況也可能變得相當極端。我們的受訪者之一提到，組織裡用來評量績效的所有管理資訊都遭到扭曲，以確保某個部門不會因此受到責備。

需要合作的兩個人如果關係決裂——不管他們在公司裡的職位高低——對業務都有負面影響。然而相較於公司，對個人的影響更大。情況輕微的話，你會看到有人另謀高就。如果嚴重程度升高，壓力、生病，或更糟的事情就會發生。沒有人喜歡樹敵。沒人願意為了逃避與另一個人接觸而坐立難安。也沒有人喜歡疑神疑鬼怕別人背後說壞話。所以，關係決裂的問題必須慎重處理。

哪些事會導致關係決裂？

和許多與人相關的問題一樣，分析成因和研擬解決方法都無法直截了當。人際失和的理由很多。例如：

- **兩人不對盤——「我不喜歡你。」**
- **行為／風格——「我不喜歡你的行事方式。」**
- **哲學／價值——「我不喜歡你的主張。」**
- **利益衝突——「我會想方設法阻撓你成功，因為你的獲益必然造成我的損失。」**
- **傷害——「我不喜歡你做的事。」**
- **偏見——「我不喜歡你這一類型的人。」**
- **嫉妒——「因為你擁有的東西，我不喜歡你。」**

關係決裂的原因繁多，解決方法也很多樣。

以下列舉的策略可用來修補決裂的關係。每個類別都附帶案例研究，和兩套方針：如果牽涉到你個人，就適用第一套方針；若牽涉他人則適用第二套，特別是與主管有關時。

02 處理兩人不對盤造成的決裂

案例研究

「很明顯，他們兩人一見到對方就知道處不來。」一位董事回憶保羅和蘿貝塔兩人初次見面的情景。保羅剛被公司招募進來擔任精算師，蘿貝塔負責行銷。蘿貝塔並沒有參與保羅的面談，開第一次主管會議之前也沒見過保羅——但其他人都見過，她很可能覺得惱怒。保羅較安靜多慮，蘿貝塔的個性則活潑外向。她經常當場為難保羅，這讓保羅很不舒服，反應並不友善。蘿貝塔因此對保羅的評價更差。同事私下規勸蘿貝塔別太嚴厲，但效果不大，直到她某次聊天發現自己為什麼對保羅如此反感。蘿貝塔向來不喜歡老師模樣的人，而保羅絕對有些老學究風格，更糟的是，他的外表和蘿貝塔大學時代吵過架的教授有幾分神似！一瞭解到這一點，蘿貝塔努力改變她和保羅的溝通方式。她決定跟保羅解釋，並為自己的行為道歉。他們雖無法稱兄道弟，但仍基於尊重彼此的差異，發展出有建設性的工作關係。

如果涉及你本人……

兩人不對盤極難處理，因為這並非基於理性思維。很可能是第一眼看到就不喜歡對方。那該怎麼辨呢？首先，挑戰問題純粹是兩個人不對盤的假設。是否發生過什麼事造成你的怨恨？或是對方處理事情的方式讓你抓狂？如果找不到特定原因，那就可能真的是不對盤。問題：對方也認為有問題嗎？如果是，你必須和他們談一談。衝突從來就不容易面對——對有些人來說更是避之唯恐不及——但如果用有建設性的方式處理（參考第七章），可能變得更容易面對些。考慮對方的為人，設法用他們覺得比較能接受的方式溝通。坦誠討論問題並尋求他們的看法。光是對談就有助益。

如果你認為對方未意識到問題存在，那麼你們未必要見面討論。而是要說服自己，你能和對方和平共處。找出他們的優點，努力喜歡他們，然後以應有的尊重對待他們。當然，這件事說比做簡單，但如果做成功，你對雙方關係和自己的感覺都會比較好。

如果涉及其他人……

如果這是你必須幫別人釐清的問題，就必須協助他們瞭解他們造成的傷害——而且要快！先每個人分別處理。提供他們意見，說明造成的影響，並探索行為的理由。如果問題未能解決，也許有必要找他們私下一起談。使用調解的技巧來接近雙方，一旦你獲得進展，也許可以派給他們一項合作的任務。但你必須相信他們願意修補關係，否則可能釀成災難。先從小計畫開始，給他們明確的任務簡報，所以雙方不會為了該如何執行計畫而爭執不下。檢討進展的情況。接下來指派他們共同負責困難的重要計畫應該很安全。例如，派他們出差，或讓他們聯合籌劃訓練課程。兩個人花時間共事有可能造就奇蹟。此處主要目的是藉由創造共同的目標、共同的敵人或必須同舟共濟的情況，來鼓勵雙方認清他們互相依賴的關係。

03 處理行為／風格差異造成的決裂

案例研究

兩位同事合作開發新產品。班乃迪克心思縝密、內向、經常延宕時程，老想要有更多時間和空間可以深思熟慮。他痛恨公開腦力激盪，偏好自行靜思。另一位是詹姆斯，個性十分外向，討厭猶豫不決。他覺得自己的構想被輕視和排斥——「我的創意直接沉入黑洞，幹嘛白忙一場？」詹姆斯抱怨他們似乎從沒能著手開始做任何事，或好不容易啟動卻經常出錯。不過他承認自己有些魯莽行事，未能適當評估構想。兩人在參加外面舉辦的研討會時，做了個性分析測驗，首度發現彼此個性南轅北轍。研討會中安排時間讓同事找出強化合作的方法。班乃迪克和詹姆斯同意採取一些步驟，互相妥協並充分發揮兩人強項。他們也發現，個性分析為他們提供了共同語言，能彼此嘲弄，減輕共有的挫折感。

如果涉及你本人……

同質性高的組織欠缺成功必要的多樣性。團隊需要不同風格、技能和優點的人才。遺憾的是，差異往往不見容於團隊。重要的是瞭解特殊差異及其價值，將它最大化以發揮整體潛力。彼此的差異不見得很明顯；你可能需要協助才說得清楚。跟對方討論你的感受，鼓勵他們提供反饋意見。坦誠以對，不只描述你如何看待他們的行為，同時說明你受到的影響。討論你們的強項，瞭解如何善加運用，並協議未來要如何合作。你可能需要來自客觀第三方的協助，來幫你從對方的角度看事情。

如果涉及其他人……

看到別人發生這種衝突時，你可能必須介入，以協助他們認清對方的貢獻。給他們建議。讓他們彼此提供反饋意見。必要的話找來公正的調停人。也許像案例研究裡的情況一樣，讓他們作個性分析。當事人最終必須學會和對方打交道，解讀容易讓他們產生誤解的情緒語言。

04 處理哲學／價值差異造成的決裂

案例研究

全球頂尖的專家學者蒙妮卡加入一家製造業公司，協助他們的生產運作。她堅信事情要做到百分之百正確——對那些她認為投機取巧或偷懶的同事不假辭色。當他們說某件事需要六周工時，她會在四十八小時內完成工作以證明他們錯了。基本上她認為他們不夠聰明、經驗不足。同事知道她經常是對的，但覺得如果她願意跟大家合作，而不是——正如大家的感受——試圖讓他們顯得愚蠢，她的工作成果會更好。他們一致表示，蒙妮卡沒有展現出在業界工作所需的精通政治技巧——她的方式比較適合學界。公司因此掀起軒然巨波，不得不重新整頓和評價蒙妮卡的角色和權限，以便創造一種更有包容性的工作方式。

如果涉及你本人……

這很困難。價值和信念是個人個性的核心；你無法改變。你也不太可能改變自己去配合對方的哲學。就算你做得到，又為什麼要屈就？你所能做的事就是認清差異，全心相信他們和你一樣都有捍衛自己價值觀的權利，並設法與他們和睦相處。然後你可以和對方一起協調兩人應如何修正行為，以便你們的工作更有生產力（參考前一項的處理行為／風格差異造成的決裂）。

這與一方「對」而另一方「錯」的狀況不同。例如，你可能抱持符合組織努力目標的信念，但對方顯然不這麼想。發生這種狀況時，通常可能舉出實例說明「違規者」的不當舉措，並解釋你認為他們行為逾矩的理由。和對方討論——說明你的觀點。如果行不通，也許該請求上司支援。小心陳述你的理由，舉實例為證，並表明你已嘗試要解決問題。務求客觀而不誇大。

如果涉及其他人……

如果有人找你處理這類問題，一定要保持公正。對於兩邊的哲學／價值，公司多半都能接受——只有牽涉的人受不了！你必須找出共通點。哪些事是雙方都同意的？這些能否成為構築有建設性工作關係的基礎？向他們指出，大家各有不同的價值觀：有人可能一心一意想攀登頂峰，有人渴望更平衡的生活方式。如果雙方都想繼續為公司效力，組織或當事人必須調和這些差異。請他們想出辦法，使他們能夠規劃和安排彼此的工作，以便發揮最大的貢獻。然後追蹤事態的發展。

05 處理利益衝突造成的決裂

案例研究

亞麥屬於法規遵循部門。他的工作之一是告訴大家不能任意行事。大部分同事都能接受——也認知他是為組織利益著想——但史帝夫領導的團隊不這麼想，不但不接受「不」的答案，而且似乎有意破壞亞麥的信譽。他們指責他想法消極、沒有建設性和吹毛求疵。他們認為亞麥該更專注於協助他們達成目標，而不是解釋不許他們做事的理由。亞麥開始躲著史帝夫團隊，收到他們的電郵時甚至感到驚慌。信心潰散連帶影響亞麥處理其他內部客戶的能力。最後，亞麥轉調到法規遵循部的其他職務，由同事接手他的位子。但史帝夫沒讓亞麥的繼任者有好日子過；這裡有組織內建的緊張關係，別人能接受，但史帝夫不能。

如果涉及你本人……

這種衝突常常是組織而非個人層面的問題。換句話說，起因的是結構和程序——並非個人差異：既有制度的設計迫使員工互相競爭。例如，專案經理須從有限的整體預算中搶奪資金，或薪酬政策雖獎勵個人績效卻未考慮交叉銷售。解決之道是妥協，以及「有得有失」的態度。在系統和流程改變之前，衝突無可避免。你最好找相關人士出面協調。提醒他們這非關個人、坦誠面對潛在的輸贏之爭，並強調你希望找到雙方都能接受的妥協之道。

如果涉及其他人……

如果你負責處理這類決裂問題，你面對的可能是兩個團隊的角力。當然，理想狀況是改變制度，例如調整薪酬設計，鼓吹合作而非競爭。有些大企業付給高階經理的紅利，取決於他們能否完成嘉惠其他部門的專案。但如果實務上無法這樣安排，有必要改變他們看事情的觀點，提醒「互相幫忙」的原則。讓他們瞭解組織重視團隊合作；就算短期成績不盡理想，還是會得到肯定——終將獲得回報。然後要遵守你的承諾。

然而經常還有更深層的衝突，就算制度改變也無濟於事。例如，負責維護電腦的團隊永遠追求穩定，而那些設計系統的人永遠想改變。協助他們了解對方難處。讓他們攜手合作，專注於更高層次的目標。小心提防虛假的兩難處境——非黑即白的想法導致我們堅持「二者擇一」的解決方案，實際上十有八九妥協是可能或必要的。

06

處理傷害造成的決裂

案例研究

休閒業經理人利麗和新上司費提瑪處不好。一天，有人給利麗看一封費提瑪發給利麗團隊所有人的電子郵件。那封信不僅影射對利麗的批評，還傷害她的威信——上司繞過她直接向她的手下發號施令，甚至沒寄副本給她。這份電郵的殺傷力很大。利麗的團隊還在信中發現一個電郵連結，讓事情益發嚴重。費提瑪已發函向高層主管抱怨利麗不適任、績效差，並建議考慮撤換她。然而，所有客觀指標都傳達相反的訊息：利麗從無到有打拼出佳績，而且財務與客戶滿意度都達成目標。新上司到任後，她的表現也還不錯。但指控紛至沓來。利麗被指控團隊管理欠佳、未能完成部分關鍵任務（即使這些是在費提瑪的職責範圍內）、上下班打卡作弊和軟弱無能。利麗因為壓力過大的醫生證明而去職，後來控告公司不當解雇勝訴。費提瑪還在公司——她恰巧是老闆的好友——但她的部門業績已經江河日下。

如果涉及你本人……

如果有人讓你難過或受傷，任傷口化膿潰爛只會讓問題更嚴重。你應該找人談談，如果你能面對，談的最好對象是製造問題的人。加害者可能不理解自己做錯了什麼，這時候只要說出你的看法就能澄清誤會。不過，他們也可能很清楚自己的作為——而且認為有理由這麼做。你必須知道他們的理由。如果真的無法正面迎戰，你應該找主管談，爭取他們的支援（如果傷害你的是主管，參考第九章〈管理你的上司〉的建議）。

如果涉及其他人……

如果你是那位經理——或剛巧是在乎這件事、想協助解決問題的朋友——必須快些聯絡雙方，以免情況惡化。每個故事幾乎都有兩面的看法，雙方都必須把話攤開來說。你可以找客觀的調停者——一個沒有私心的人。小心解釋問題所在，讓每個人都有陳述的機會，要求另一方傾聽，並請雙方詳細討論並摘錄。接著叫他們就未來要如何合作達成協議。確保他們知道你會持續追蹤。終極目標是讓大家學會饒恕和遺忘——並確保不再故態復萌。

07 處理偏見造成的決裂

案例研究

非營利組織的副總裁傑夫反映，女性擔任高階主管職務愈來愈多。新進的主管全為女性——而且似乎有特定「類型」。她們抱持不同於過去的價值觀，並且公開批評在組織中較久的人，理由是他們太過「老派」。人事整頓才剛結束，砍了幾個副總裁層級的人。許多人認為後續的招募並不公平。一位備受重視的同事——剛好是黑人男性——受到極不公平的對待，結局是丟掉工作。謠傳他因種族、性別和「老派」作風而遭歧視。仍保住職務的副總裁說，他們對新主事者已失去信心，而且發現很難和有歧視之嫌的高階管理層打交道。

如果涉及你本人……

偏見常用來描述與畏懼和厭惡有關的情緒和感受，畏懼和厭惡的對象則是與我們不同、或不符合我們理想標準的人。偏見是因對所涉之人或群體的一無所知或認識不足，而做的不合理判斷。當偏見成為對人採取負面行動和行為的理由時，便具有傷害性。這時候偏見將逐漸發展為歧視——因為對方無從改變、或因為主觀者厭惡的特質，而不公平且非理性地對待對方。

在組織環境裡，歧視可能以眾多不同的理由出現在各個領域；傳統上，我們知道與性別、種族、性傾向和宗教相關的歧視。更廣泛的議題，如年齡、經濟階層、地域背景、政治傾向和社會地位，也是歧視異己的理由。不管是哪一種理由，職場歧視都不應被容忍。

歧視通常有三種形式：

- 針對個人的直接行為，尤其是因為性別、種族、身心障礙或其他理由。
- 間接的體制、流程、要求或條件，因上述理由而對另一人造成歧視影響——無論是否出於故意。

- 迫害——因為他人提出申訴而對他採取的進一步的行動。

如果你覺得被歧視，能作些什麼？找信任的人討論，有助於你決定想要採取的行動。

你有幾個選擇：

- 勇敢挑戰加害者。
- 請朋友或同事協助對抗歧視行為。
- 呈報直屬上司或人事部門。
- 請工會代表你出面處理。
- 尋求法律意見。

不管你的選擇為何，沒有人必須忍受歧視行為，而且組織負法律和道德責任，必須為員工打造一個安全、正面的工作環境。

如果涉及其他人……

這可能是最棘手的狀況。偏見既難證明又難處理。但對這類衝突提高警覺實屬必要——尤其是經理人——否則你可能發現自己惹上官司。小心行事。解釋你的看法，和對牽涉其中的其他人造成的影響，用實例佐證你的理由。傾聽並探究真相。清楚表達你絕不忍受任何理由的歧視。提醒相關法規和公司政策。表明你會向他們和引起你注意此事的人，以及能看到事件始末的人徵詢意見。然後留心觀察。你的目的是促成（或要求）理解和容忍。這事並非一蹴可幾，但把問題攤在陽光下無疑能加快速度。

08 處理嫉妒造成的決裂

案例研究

公關經理查爾斯嫉妒女同事克蕾兒和公司資深合夥人的關係交情。克蕾兒曾和資深合夥人一起出差，並協助設計和成功地舉辦重要會議，也在危急之際促成他與外界的有效溝通。嫉妒驅使查爾斯在背後中傷克蕾兒，嘗試把她排除在重要會議外，並儘可能隱瞞資訊。查爾斯也想和這位資深合夥人有一樣緊密的關係，所以常找他開會——並且不把討論內容告訴克蕾兒。幸好這些作為在資深合夥人眼裡是白費心機；他和克蕾兒的交情夠深，知道她提供了很大的附加價值。但查爾斯和克蕾兒之間的緊張關係惡化，到完全無法共事的地步。

如果涉及你本人……

這也很難處理，因為善妒之人會用各種理由來解釋他們的反感。所以，你首先要知道的是有這種感受的真正原因。牢記嫉妒是一種自然情緒，許多人都經歷過。但在此同時也須痛下決心改正。你到底在嫉妒什麼？為什麼？要知道你也有強項。別人也可能對你心生嫉妒。告誡自己，負面情緒不值得留。嫉妒無法讓你受益，且可能損及你的信譽。你可能無法真心祝福對方，但你可以做到不要明顯地——而且毫無來由地——針鋒相對。

但如果別人嫉妒你呢？在這種情況下，解決之道取決於嫉妒的起因，以及對方的行為表現。有時候，包容和參與是最好的藥方；讓對方加入你的業務，有助降低妒意。不行的話，和對方打好關係也能讓他們覺得被接納——相信你的某些正面評價會慢慢的打動他們！

如果涉及其他人……

如果你必須出面處理嫉妒行為，小心探求內情，嘗試找出根源。謹記這些情緒可能是不安全感作祟，所以務必讓對方知道你看重他們的優點。告訴他們，你認為他們表現太好，太過珍貴，不能讓嫉妒壞事。讓他們明瞭，如果能克服這些具破壞力、沒有建設性的念頭，成就會更大。

4 處理決裂關係的原則

你可以嘗試繞道而行：有時透過安排，失和的人可能永遠不必再打交道。然而這個做法勞心費力且效率不彰。無辜的旁觀者會受影響，而且當然無法解決根本問題。所以，解決問題還是上策。

理想狀況是能預見並避開潛在矛盾。然而，如果沒有先見之明，人際衝突在所難免。處理紛爭的基本原則如下：

- 在小麻煩釀成大災難前及早解決。不要因為希望問題自然消失而置之不理——也就是「走一步算一步」。紛爭拖愈久，愈難有效解決。
- 借助公正的中間人。有第三方的協助，通常能較快解決問題。雙方可能需要外力幫忙，由另一個人來傾聽或瞭解自己的行為留下什麼印象。

● 別驟下判斷。責任通常不會僅在一方身上。弄清雙方的說法極為重要。

● 假設別人的動機純正。猜想有人故意為難是簡單的事，但除非事實如此，應盡力相信雙方立意良善，不會無緣無故固執己見。

● 瞭解緣由。別浪費力氣處理外在徵兆；問題會以不同形式再次浮現。要花時間直搗問題核心。

● 對症下藥。選擇合適且合乎比例原則的方式處理問題。

● 持續追蹤。這必須定期進行且堅持一段時間。重點是防範舊傷復發，或在正式停火後敵意再次升高。

最後……

偏見顯然是工作關係決裂的原因之一。但情況有多常見呢？我們的訪調發現，約六〇％的人相信他們的組織不會歧視：六〇％表示男女機會平等；六一％認為少數族裔機會均等；六二％不同意同性戀對職涯有不利影響的說法；另有六二％不覺得資方不願晉用正逢生育年齡的婦女。

當然，這並不意味剩下的四〇％相信歧視存在；許多人無法決定或未做好答題的準備。但有近四分之一的回覆者認為女性未能享有同等機會，一七％看到因種族衍生的歧視，一五％觀察到同性戀遭歧視。這些比率仍舊高到令人無法接受。

第9章

管理你的上司

我們訪調人們對辦公室政治的看法時發現，負面的政治操作主因之一是和上司的關係不好。不管是談到不當對待、欠缺尊重、不適任或嫉妒，人們都知道這帶來多大影響：與上司關係不好的壓力極大。如果你的上司是女性，更要小心：我們的量化研究發現，60%的人相信，和女性主管失和的機率高於男性主管（只有5%認為比較容易和男主管失和）。我們的研究也顯示，只有三分之二的人真心尊敬上司，而這些人多半自評為精通政治。有趣的是，71%的員工認為主管尊重他們！只有18%覺得上司對他們寵愛有加，而有多達50%相信上司偏心。女性在此表現又較差；女性上司的下屬，認為她偏心的比率比男性高出50%。

1 為什麼和上司處得好至關重要

01 上司能幫你做什麼？

不管你工作內容、在哪裡工作和職務高低，你和上司的關係都是職涯裡最重要的事。上司能扮演多重角色。他們可以教育、指引和挑戰你，可以支持拉拔你的事業，也影響到你的職場生活究竟是充實得意，或者壓力深重而又挫折難熬。除了藉由馬上解決問題來維繫與上司的良好關係外，還有什麼更能展現你的精通政治？

讓我們看一看好老闆能幫你做什麼——為什麼把他們拉到同一陣線很重要。他們扮演的角色包括：

- 導師和教練
- 宣傳員
- 楷模
- 老師
- 迴響板
- 知交好友
- 鏡子

導師和教練

好上司讓你瞭解如何在目前的角色和其他角色上獲致成功。他們能確保你隨時知道該做什麼、該如何行事。透過訓練指引你自行尋求解決方案。他們的金玉良言幫你領會文化的細緻之處，得知合宜的舉止為何。最終，他們將協助你發揮潛力，甚至把你推上比他們更高的職位。

宣傳員

與前述有關係的是，上司可以扮演你的宣傳員和你個人發展的擁護者。在許多組織裡，升遷都仰賴直屬上司的堅定支持。顯然，上司若是明星——在組織裡舉足輕重——會大有助益。上司如果是野蠻人可就不妙——這種上司不太可能為你說話！

楷模

上司對下屬——及其職涯——具有重大且久遠的影響。即使事過境遷，角色楷模仍常為人提起。如果你想學習待人處事和積極進取的訣竅，首先求教的人必然是上司。任何人求發展，一定要先觀察上司的決策風格，模仿他們的言行。

老師

老師和導師與教練略有不同，比較與工作的技術層面有關——學習入門實務。好老師幫你獲取知識和經驗。指點你往哪裡找資訊。他們照顧你在實務知識上的發展，協助你認清專業技能上的弱點。

迴響板

身為迴響板，你的上司應該撥空與你討論各種構想，並提供坦誠和有挑戰性的反饋意見。他們會期望你在開會之前已深思熟慮，如果你做得到，他們應該願意提出中肯的批評。

知交好友

上司也可以是知交好友——支持你的聆聽者和顧問。他們能幫你解決問題，特別是個人問題。好主管懂得情緒困擾不光來自家庭，而情緒是工作的重要面向——例如，如何處理難纏的人，好幫你建立自信和強化影響力。但請小心：上司太忙的話可能受不了部屬找他們傾訴情緒，會認為這些人脆弱，不如那些不常佔據上司時間的同事。

鏡子

此處的意思是提供反饋意見。上司如果不能定期舉鏡讓你反省，就算不上好主管。只提供正式的年度績效評量還不夠，反饋必須頻繁而持續——當然也要有建設性。

02 如何管理你的上司？

理想的情況是有好的開始——如果因為沒管理好上司，結果處於不利地位，必須解決後續發生的問題，會很辛苦。

那麼，該怎麼做？以下是十大黃金守則：

1 了解他們對你的要求，以及他們的行事風格。

2 積極主動。

3 協助他們達成業務目標。

4 別問你自己答得出來的問題。

5 開誠布公，道歉要算數。

6 不要有情緒化的反應。

7 工作賣力超過要求範圍。

8 別侮辱上司智商。
9 尋求並給予反饋意見。
10 別因為老是抱怨而出名。

瞭解他們對你的要求和他們的行事風格

其實很少人向上司請教這些重要的問題，經常是等出了差錯，人們才大感意外！瞭解上司想要怎麼做，期待你交出怎樣的成績單，是很重要的事。留心他們面臨的問題和挑戰，也有幫助。如果你觀察入微，也許能憑直覺辦事，但最穩妥的辦法是找上司談。這些作為當然是著眼於如何達成目標，因此不妨討論萬一出差錯該怎麼辦——如此你才知道上司對你有何期待。這並不表示上司的答案必然決定你的做法，但如果他們認為的理想做法和你的計畫有重大差距，也許該討論其中差異，看是否有妥協空間。

積極主動

在這個年頭這聽來有點陳腔濫調，但經理人仍然偏好積極主動而非消極被動的下屬

——至少他們會這樣說。要為未來事件作好心理準備，想清楚因應之道再採取行動，不要在不明究裡下被迫處理突發狀況。你要能隨時通知上司事態發展並提供你的判斷，這不但可以確保他們毫無防備，也展現出你的積極態度。

幫他們達成業務目標

如果績效管理程序能有效運作，達成你的目標就能幫主管達成他的目標。因此這對雙方都很重要。此外，你可以考慮是否能在某些領域繳出超額成績來幫主管。這聽起來有點權謀，但要謹記主管的成功對團隊有加分作用。如果你的目標正確、做法正當且立意良善，那麼成功就有益整體業務。這是典型的雙贏。

別問自己答得出來的問題

這和主管經常說的話有關：「我不要聽問題，我要解決方案！」不管怎麼表達，上司都瞭解這種感覺。有個好主管有時是雙面刃；你敬畏這個人，也極度渴望他的肯定，巴不得每件事都先問過他。但除了積極主動外，你也必須在找上司之前就把事情先想透徹。分析局勢、研擬多項解決方案，心裡拿好主意。然後你可以把上司當迴聲板，不致讓自己顯得優柔寡斷。這樣也不會浪費上司和你的時間。

開誠布公，道歉要算數

和上司建立關係時，誠實和坦率很重要，尤其是出錯的時候。犯錯就承認，優先要務是立即設法亡羊補牢，以免重蹈覆轍。一旦想好補救方法，就是坦白認錯和道歉的時候。你要明確表示已從中得到教訓。

不要有情緒化的反應

不管上司多情緒化，他們都不會喜歡有過度情緒化的反應。反而他們會欣賞冷靜、理性、思慮周全的表達——即使你談的是感性議題。

工作賣力超過要求的範圍

積極主動、解決問題的取向，以及拿出高過自訂目標的成績，就是工作賣力超過要求的範圍。這些很明確。你還可以分享情報、引進機會、運用自己的人脈關係、加班趕工、提供個人見解、永遠樂於助人。不過，要瞭解這和阿諛奉承——拍上司馬屁——大不相同。這種做法胸襟更開闊；為了團隊利益，優秀員工不會只掃自家門前雪。他們關心公司發展，而非只專注於自己的功勞和表面的績效。

別侮辱上司智商

和上司相處，重要的是不要拐彎抹角或奉承他。不說也知道，你不該撒謊（雖然許多人承認撒過謊）。而你也必須在適時提醒他你在做什麼，以及暗示他記性太差之間取得平衡。和他們發展出「成年人與成年人」的溝通方式——換句話說，相對立足點平等的方式——極為重要。

尋求並給予意見

一旦了解上司行事風格，也和他談好你的目標，接下來你必須知道自己做得好不好。有些人擔心負面評價而不樂意尋求反饋意見，但每個人都該知道自己表現好壞、有無改善空間。提意見給上司也很重要。領導階層常抱怨「高處不勝寒」。一些經理人從來沒聽過任何反映意見，這也難怪他們老是做令人怨聲載道的事。上司需要批評指教——如果他們明事理的話——會感激直言無畏的人。

別因為老是抱怨而出名

最後，上司都不喜歡滿腹牢騷的人。有些人工作出色卻惹人嫌，因為他們愛抱怨。有一位資訊科技經理幾乎一人做兩人份的事，卻因為被要求做事情時愛擺臉色而聲名狼籍：她的回覆永遠是辦不到——當然也不會同意在提議的期限內完成。她的考績出現負面評價，但她不服氣抗議，說自己一向能準時達成任務。

雖然證據支持她的說法，但別人以她的第一反應來評斷她。她後來學會，做深呼吸，並報以較正面的反應，便足以改變別人對她的觀感，包括上司對她的看法，因此她後來的評價變得較正面。所以，不管發牢騷多麼誘人，試試看能否節制一些。

2 關係不好怎麼辦？

關係破裂怎麼辦？我們的研究顯示，和上司處不好是最嚴重的人事挑戰之一——也是許多人離職的理由。雖然「人不會離開公司，是離開上司」這句話的出處不明，卻經常被引用。我們的研究也支持這個說法；在我們的質化研究當中，大多數的人會主動提到和主管相處不佳——包括現在和以前的上司。

和上司關係鬧僵，你會失去本章開頭提到的各種好處。更糟的是，這是職場壓力一大來源。工作效率因而降低，還可能傷害團隊生產力和士氣。在極端狀況下，你會看到整個部門團結對抗共同敵人——上司！這是管理不善能帶來的唯一「正面」效應。

因此，看到這麼多人不肯面對問題、積極管理與上司之間的關係，真令人吃驚。他們反而問：「我為什麼要管理上司？照理說是他們來管理我吧？」或更糟的：「我害怕到一句話也不敢說，因為這會影響我的職涯。」逃避衝突又不肯承擔任何責任，是沒有建設性的做法。問題懸而未決還算好，更糟的是情況惡化至無法忍受的程度。然後他們只好離職。

試想：上司可能不知道他是個打擊士氣的主管。我們已經討論過高處不勝寒。經理人不管層級高低，基於前述的理由，上司無法從下屬得到足夠的反饋意見，就是基本現實。如果上司不知道自己有錯，除了持續犯錯，他們還有別的選擇嗎？所以必須由你採取行動——但必須是正確行動。就你的情況來看，做什麼有才用？

首先，你必須區分清楚，他們的哪一項作為造

表 9.1

彈性	態度
● 彈性相對於僵化 ● 傾聽相對於告訴對方 ● 果斷相對於優柔寡斷	● 值得信賴相對於不可信賴 ● 合乎道德相對於不道德 ● 公平相對於不公平
壓制	**能力**
● 任務取向相對於人的取向 ● 授權相對於掌控 ● 發展相對於抑制	● 井井有條相對於混亂失序 ● 有效相對於無效 ● 可信賴的相對於不尊重

成如此重大的負面影響。員工對上司的抱怨通常分成四類，列於表9.1，每一類都附帶極端的案例。

這張表絕無法涵蓋一切，但它列出對上司最常見的抱怨。談到要管理上司引發的問題，你必須依照個人情況量身打造方法。但也有能適用多數案例的標準模式：

1 **界定問題**
2 **找出根源**
3 **瞭解影響**
4 **決定解法方法**
5 **檢討**

在界定問題、找出根源、瞭解影響的階段，以下指導原則可能有助於釐清你的個別狀況。而決定解決方法和檢討的階段在本章末也會加以討論。

3 與上司關係不好的原因

01 管理缺乏彈性

這個類別的問題關係到你的上司能否在「傾聽並接納他人構想」和「用發號施令來領導」之間取得平衡。被一個完全沒有彈性的上司管理，可能令人極感挫折，尤其碰上你對做事的新方法有滿腦子點子時。但同樣讓人沮喪的是遇事難下決斷、徵詢意見過多和過久的主管。

我們先來看看全無彈性、掌控過度上司。解決問題的第一步是先瞭解他們為什麼會這樣。理由可能有千百種，例如，他們欠缺想像力，或固著於過去，除了「老方法」以外，不願考慮新選項。他們也可能生性謹慎、不愛冒險，甚至害怕改變，通常伴隨多疑的毛病。或者，他們只是深信自己永遠都是對的。

這種上司無可避免的會抹煞創意，可能錯過進步的機會。用這種方式管理，部門表現勢必落後其他部門，落得以毫無彈性聞名的下場。在這裡工作恐怕很無聊，有才華的人會避之唯恐不及。

解決和改變這種情況的方法牽涉建立信心。你必須取得上司的信任，讓他們相信新創意和別人的點子也可能很管用。但小心鋪陳以求成功。除非你能提出強力的理由，找到許多資訊佐證，否則很難讓他們點頭。他們愈常見到成果、受惠次數愈多，未來接受創新和改變的可能性就愈高。

另一方面，你也可能碰上太有彈性的上司——見風轉舵、牆頭草、沒有勇氣捍衛信念。我們的研究顯示，多達七四％的人抱怨朝令夕改。所以這是大問題。同樣的，你必須瞭解他們的理由。是因為無法拒絕上級的要求嗎？他們的上司不斷變更目標嗎？有其他你不知道的因素影響嗎？或者上司真的很開明——只要有新資訊就樂於改變？不管理由為何，這種領導方式也可能造成大混亂，包括錯誤百出、事倍功半、疊床架屋。團隊成員抱怨缺乏方向和領導反覆。彈性是一回事，但領導不力使團隊漫無方向是另一回事。

處理這類情況的重點在釐清簡報內容。人不會一夜之間改變。然而你能確保透過你的管理來減少不必要的工作。當你發現上司拖拖拉拉，而且會影響你的工作，就要思考如何能協助他們做決定。例如，你能接手嗎？然後只要讓他們知道你的進度？如果不行，你能提供額外資訊給他們嗎？或者，委婉找別人幫忙，把他推向正確方向？上司交付你任務時，務必清楚瞭解他對你的要求和理由。若非緊急案件，過幾天再回去問一次——是不是還要做呢？如果上司經常改變想法，要提出反饋意見，說明會造成什麼影響。詢問背後的緣由，而且要有同情心。注意後續發展，並記得情況穩定後要稱讚他的功勞。

02 態度問題

這通常能濃縮成兩個重點：

- **上司的態度和信念，與你個人的、組織的，以及整體社會的態度和信念，契合到何種程度。**
- **上司行使職權的方式；換句話說，他們擔任公司職位而擁有的權力。**

上司對人生的看法與你不同並不重要——只要他們不會強加在你的觀點上，或拒絕聽你的觀點。然而，上司的影響力可觀，「濫用職權」在團體生活屢見不鮮。你可能成為上司濫權的受害者。

考慮處理方法要注意兩大因素：

1 **他們的動機為何？**

2 **這個問題對你有何影響——別人也有不滿嗎？**

如果你懷疑上司有負面動機，你面對的可能是權謀家或野蠻人，本書前面提到的原則全部適用。為保護自己，明智之舉是謹慎，而且要和公司其他部門的人打好關係。你也許想以其人之道還治其人之身，展現大明星潛質，研擬出達成理想結果的策略，讓你的影響力蓋過他。但務必謹慎為之。

相反的，如果你確定他們動機純正，問題就只是單純的對原則和做法觀點相左，也許你能成功地調和彼此的歧見。

這帶我們談到第二個因素：問題只出在你身上嗎？如果這只是你的問題——而上司不同意你的觀點——你必須挑戰自我。你們之中有一個人對，另一個錯了嗎，或者兩人的觀點都有值得稱道之處、只是互不相容？如果你的上司和組織或社會脫節，或者你有確切證據支持你的立場，你的主張被採納的機率就比較高。如果最後結果變成只是兩人意見對決，那麼職場現實是上司的話較有份量。但這不表示你不該一試。第七章的〈瞭解並處理衝突〉，第八章的〈處理破裂的關係〉，以及第十章的〈處理霸凌者〉都深入探討如何因應這類問題。如果同事也有不滿，那麼你處在較有利的地位。必要的話，可以向團隊蒐集意見，來支持你的看法，證明你的主張。

廣泛而言，處理重點在讓上司知道你的觀點。這必須用有建設性的方法進行，指出你們之間的歧異，和可能造成的影響。做法不能太具侵略性。用「解決問題」而非「爭吵」的角度來面對爭議。如果你已蒐集到別人的看法，從這裡著手不失為明智之舉。但如果你已努力保持建設性、以解決問題為目標、傾聽了上司的觀點，他卻仍然聽不進你的話，這時不妨透露別人和你想法一致。數大有其優勢，但若被視為鼓噪者或組織反抗運動的領導人則有危險性。

最重要的是有心解決問題。經常可以看到許多團隊寧可沒完沒了地抱怨上司，也不設法改變。

03 上司的打壓

這關係到上司對培養、強化和「展現」他人的才能有多感興趣。大家都知道，鼓勵團隊承擔愈多責任，他們的生產力就愈高，研究也顯示他們會更有動力。那麼上司為什麼常想壓制他人的鋒芒，讓大家「謹守本分」？答案之一是，他們沒有安全感，對自己的能力沒信心，只能不斷提醒大家不能造次——尤其是當團隊表現如此糟時！

另一個原因是上司太任務取向，無暇顧慮人的問題：「你說我必須教導和授權下面的人是什麼意思？我沒那個時間——我有工作要做！」這也屢見不鮮。仍然有多到令人沮喪的經理人，把「人的問題」和「正職工作」分開來看。

第三個可能是上司不愛風險，或者是控制狂。他不信任別人的能力，認為「這事我能做得比你們好」。

不論起因為何，結果都一樣。受到影響的員工個人成長遲滯不前，茁壯不起來。整個團隊的發展受到侷限，一流人才覺得受夠了，只能求去。此外，上司也沒長進。他們日復一日做同樣的事——至少是比他低一個職級的人就能勝任的工作。

相反的，有自信的上司會很開心看到他的團隊表現出色。他們懂得手下的成功，能為他們的領導力加分。他們不會抓著部門的大明星不放，反而很高興這些人被拔擢，因為他們相信這些人到組織其他部門後會成為團隊的親善大使。

如果上司不是天生就懂得授權的人，該如何說服他們改變？解決方法是要求你應有的待遇。許多經理人認為栽培別人不是職責之一，結果下屬也將個人發展成當奢侈品。他們不敢要求支援、指引和訓練，擔心這會浪費上司的時間——以及他們自己的時間。別怕開口。告訴上司你的要求將使你未來對部門有更大的貢獻，你的生產力會更高——確保上司知道這是有利可圖的事。如果你懷疑上司壓制別人的動機是缺乏安全感，你可以強調正面意義：培養下屬是經理的職責，可以為他們加分；一個訓練精良的堅強團隊是他們的榮耀，代表他們的成功。不要羞於開口。你愈常要求培訓，愈常被應允，別人也愈會跟隨你的腳步，上司將逐漸習慣履行這個重大的職責。

04 上司能力不足

上司可能沒效率、沒能力、不受敬重——如果三個全中，算你倒霉！很可能你只會碰上其中一個問題。欠缺組織力是因為無知——他真的不知道如何安排時間和工作量。更常見的是意志力有問題。你知道有多少人上過時間管理課程卻仍然遇事慌亂、毫無組織力？多數人懂得理論；但難在身體力行。柯維（Stephen Covey）在他的著作《與時間有約》（*First Things First*）中討論到「急迫癮」（urgency addiction）：除非截止期限迫近，否則對任何事都提不起勁！這在組織各層級都很常見。

與此有關的是沒有能力達成結果——有效率相對於持續的低效率。理由可能很多：缺乏訓練、缺乏經驗，或甚至缺乏信心。也可能由其他問題所致，例如，不願意栽培下屬導致無法委派工作。

另一個問題是可靠性。顯然，如果你的上司無法完成任務——或雖然完成，卻老是延遲且行事草率——別人對他不會心存敬意。另一個可能是你的上司不尊重別人：這常刺激對方也以同樣的情緒回報。

這類情況的解決之道與給予反饋意見有關。站在他們的立場設想：如果你擔任他們的職務，你會希望得到反饋意見嗎？據此計劃你的步驟。如此你的上司才能決定如何處理。在某些情境下，也許適合由你負責「向上教導」（參考後面的內容）。放手去做！教導不必謹守層級規範。

4 修補不良關係的方法

01 與上司商議解決方案

你心裡已確定問題所在，也考慮過上司行為的理由，而且想過他們的行為對你、團隊和公司會有的影響。簡單的說，你已做好準備。但要如何和他們商議解決方法？你必須堅持幾個原則：

- 選對時間和地點——等雙方都有時間詳談時私下進行。
- 心裡已很清楚你想要的結果。
- 要有同理心——上司不是沒有情緒；要能設身處地為他著想。
- 觀點要持平——陳述他們的做法值得讚許之處，不只談你不喜歡的部分。
- 隨時牢記你是想解決問題。
- 傾聽他們的觀點。
- 明白表示你想要如何被對待——並解釋理由。
- 要有建設性。
- 提出解決方案——別只提問題。
- 注意非言語的訊號，它們可能顯示上司未真正把注意力放你身上，或不認為問題存在。這類訊號包括不肯做目光接觸、無法集中注意力、不耐煩、明明不感興趣卻點頭，以及沒注意聽你說話。
- 可以的話，扼要說明做法，並確定他們同意。
- 爭取他們同意，由你和其他人持續提供針對他們表現的反饋意見。

掌握住這些原則，由你來教導上司也許行得通。別讓會談看起來像僭越本分、施予恩惠或不得體。但你可以做到巧妙而有生產力的方式掌控大局！

02 向上教導

1 設定大方向：你想達成的目標與理由為何。

2 提供反饋意見：先指出哪些事他們做得好，然後引導到你的大方向，列舉有建設性的具體批評，並說明他們的行為對你和團隊有何影響。

3 詢問上司的反應，和他們看事情的角度。

4 協議要改變或達成什麼，但別操之過急。如果你們對問題和期待的結果沒有共識，進一步計劃行動只是浪費時間。

5 討論情況可能如何改變；在未徵詢上司觀點前，不要提解決辦法或建議。仔細聆聽他的說法。順著他們的想法，適時提議你願意協助——他們畢竟是上司！

6 確認行動：該做什麼，由誰執行，期限為何。

03 檢討結果

一旦你已處理一個特定的問題，必須檢討結果並維持溝通。記住行為改變無法一蹴可得，而且常會碰上挫折。要強化上司能展現努力的行為，如果他們回到舊習慣則須給予反饋。大部分的人發現，若徵得上司同意他們會願意提反饋意見——因為這讓他們因此獲得建言的執照。

一旦事情解決了，便邁入維護階段。你必須確保和上司仍舊滿意彼此的關係，雙方都不會退回舊模式！但你要記得，人可能重回舊習慣，尤其是遭逢壓力時。別假設退步是必然的，但也別自滿，什麼都不做。維護階段有幾個基本原則：

- **盡心盡力**：你要樂於幫忙，保持正面、以解決問題導向的態度。別一直發牢騷——沒人喜歡每天被叨唸缺點。

- **協助上司也盡力**：和他們站同一陣線。思考對他們而言怎樣才算成功。有技巧地提供資訊給他們。
- **維持開誠布公的關係**：以「成年人對成年人」的方式，提供他們有助達成目標的資訊和意見。
- **學會說不**：十有九次，你該盡力給予正面回應。但你也要知道界線何在。如果你的工作量過重，會危及你的整體表現，更別提對你心理狀態的影響！所以你會有必須說「不」的時候，但方法要對。列出你手上負責的所有任務，問上司準備要你放棄哪些。另一個辦法是提議接手承辦的人選，並為交接進行簡報。

5 當所有嘗試都行不通

最後，有時候竭盡所能還是無法和上司建立有生產力的工作關係，衝突仍持續不斷。最後結局經常是其中一方離職——但走的通常不是上司！在走到這麼極端的一步前，你可以考慮向更高階的主管求援。如果你為了修補關係已採取行動，也能清楚陳述做出哪些努力，高階主管可能願意聽。但要做好心理準備；你的直屬上司無疑會被叫去解釋他們的行為。果真如此，他們很可能先找你談。你在心理上和組織層面上都要有所準備。事先做好以下的程序：

- **準備好策略：**
  - 針對下列事項，希望有何成果：
    - 你的感受？

- 上司的感受？
- 你留下的印象？
- 未來的工作安排？
- 最有機會達成目標的方法？
- 會遭遇什麼障礙？
- 該如何處理這次會談？

做好防禦措施：

- 目前情況的各項事實？
- 過去發生的事？
- 你為改善現況採取了哪些行動？
- 你的上司如何看待這些努力？
- 什麼事促使你去見高階主管？

準備好你自己：

- 你對於在找上高階主管前，為改善情況所做的種種努力滿意嗎？

—如果滿意：你當時已做到一切能做的事，所以你有權向上級報告這件事。
—如果不滿意：也許你必須承認可以做更多，但你仍然有權往上呈報。
—準備採取堅定的態度：如何避免侵略性、愧疚或被動？
—深呼吸，並且儘可能放輕鬆。

看上司的態度再決定你要從何說起。但最保險的假設是不必先由你開口。他們可能一開始就要求你解釋，你會需要事先備好的防禦機制。謹慎冷靜的簡述你的看法，嘗試全程維持眼神接觸和堅定態度。接下來你該問上司對現狀的看法，聆聽並適切回應。記住，即使你一開始落居下風，也不是全盤皆輸——你仍能堅持採用事先準備好的建設性做法。你只是得判斷在各種情況下會有多大效用。

把事情擴大感覺起來可能很極端，但這經常是解決問題所不可或缺——就像所謂的「破釜沉舟」！

最後一件事：牢記上司也是人，也有焦慮和不確定感。你們可能比預期更容易找到共通點。

第 10 章

處理霸凌者

英國製造科學金融工會（MSFU）指出，職場霸凌是「持續冒犯、施虐、威嚇的惡毒侮辱行為，濫用權力或不公平責罰，讓受害者覺得難過、被威脅、羞辱或脆弱不堪，這會打擊他們的自信，可能導致他們備受壓力折磨。」《成人霸凌》（*Adult BullyingöPerpetrators & Victims*）的作者藍道爾（Peter Randall）描述，霸凌是「故意造成他人身體或心理創傷的侵略行為」。瑞典把霸凌叫作「眾暴」（mobbing），在瑞典開醫院幫助職場霸凌受害者的基墨（Klaus Kilmer）創出「心理恐怖主義」一詞。顯然霸凌——不管如何定義——都是無可接受的行為，對受害者造成痛苦和壓力，摧殘他們的信心。

01 什麼是職場霸凌？

為什麼一本討論精通辦公室政治的書會對霸凌感興趣？回頭去看我們的初始定義，精通政治就要擁有能處理各式職場狀況的洞見和能力——並獲得正向動力：做職場大明星！動機不良或心懷猜忌的野蠻人或權謀家，在某些情境遇上某些人時，最可能成為霸凌加害者。他們看不到別人受傷：為一己私利不計手段。權謀家往往充滿魅力、外表似乎可信賴，做了不可接受的行為也常能很久不被追究。對照之下，野蠻人較易識破，做壞事容易被抓，但如果他們善於打點上司，也可能潛伏很久而不被查覺，對霸凌受害者造成重大傷害。

精通政治者認得出霸凌行為，不管是自己受害或看到發生在別人的事件。他們知道如何對付惡霸，會努力阻止這種行為。同時，因為他們在職場上整體的做人處世方式，通常不致被霸凌者挑為獵物——至少很少被欺負第二次。

談到霸凌的嚴重性，包括我們的研究在內的調查顯示，近四〇%的人在受訪之前一年內目睹過霸凌事件。目睹霸凌的女性比男性高出五〇%，而男性比較可能被描述為惡霸。公家機關的霸凌問題顯然比私人企業嚴重，在當前的改革和撙節風氣中，情況似乎更形惡化。根據 Unison 公司工會秘書長普安提斯（Dave Prentis），許多勞工律師都認為，霸凌在過去十年間增加一倍。後果如何？《職場霸凌：沉默的瘟疫》（*Workplace bullying: the silent epidemic*）一書作者麥艾維（McAoy）和莫狄（Murtagh）說，有害的工作環境由競爭、經濟理性主義和目前流行的嚴苛管理風格等因素造成。這樣的文化在同事之間滋養出畏懼、機能障礙和羞辱，導致因工作引發的壓力、抑鬱、焦慮和疾病。美國每年損失五．五億個工作日，過半數與壓力有關，歐洲職業安全衛生署（EASHW）則估計，歐洲每年損六億個工作日。在我寫本書時，英國每年因壓力和抑鬱損失一千三百七十萬個工作日，其中大部分聲稱遭到不公平解雇和歧視，包括受到霸凌。

說自己曾遭霸凌的人裡有約三分之二曾嘗試採取對策，但大多數人對結果不滿意。根據我們新近的調查，大多數有被霸凌經驗的人最終都離開公司；不過，事後回頭看，多數人認為他們當初應該要更積極反抗。

一位公司主管說：在前一家公司，我原本和執行長的關係不錯，但他開始招募自己的老同事。有一位重要幹部就從他的舊公司挖角過來。這個傢伙人高馬大、主見很深，並且明白表示對我的工作領域有想法，想參與根本不在他職權範圍內的事。他一點也不含蓄，會到處問問題，因為他自以為是，又喜歡與人爭論，所以很快就得到惡霸稱號。大家怕他，如果他提出要求，人們通常會屈服。我赫然發現他已搶得某些主導權，大家都在想「怎麼會有這種事？」他和我攤過幾次牌，情況鬧得很僵。他對我咆哮，說話諷刺又刻薄。我顯然贏不了他，畢竟是執行長找他來的。這傢伙把這裡攪得天翻地覆——不只跟我一個人過不去。許多人都向我抱怨過。你問後來結果如何？結果是我捲鋪蓋走人。

職場霸凌可能對受害者帶來重大創傷，也影響職涯發展，而且遠比多數人認知的更為普遍，部分原因是許多受害者不明瞭自己身受霸凌，或不管是對人或是對己，都難以開口承認自己被欺負。根據瑞納（Rayner）和霍爾（Hoelt），霸凌行為分五大類：

1 **威脅專業地位**：你的升遷可能遭拒或甚至有降職風險；被迫接受客觀上來說委屈求全的狀況；或任何其他貶低你職位或層級的行為。

2 **威脅個人地位**：這和專業地位有關，影響別人——甚至你自己——對你的評價；

你的可信度被打折、你的名聲遭汙衊、你覺得受到貶抑。

3 **孤立**：你被阻絕在其他團隊成員之外，被排擠不能參加活動，無法獲知最新進展。

4 **不合理的工作量**：一方面是你的工作超載，而別人沒有；另一個極端是，你永遠分不到有趣的工作，不像別人有露臉機會，甚至沒事可做。這和工作負荷過重一樣令人沮喪，對自尊也有不良影響，特別是你會因此而遭到批評。

5 **破壞穩定**：這通常包括一連串行動和評論，用來摧毀自信、挑起自我懷疑，形成壓力，在極端案例下甚或引發精神疾病。有一位女性經理人多年前精神曾經崩潰，她的男主管不時提起這事，還裝出一副關心模樣。在批評和孤立她的同時會一直說：「你要小心啊，可別再害自己生病。」但無可避免的事還是發生了，她後來又住院六個多月。

霸凌很難對付的原因之一是，它們有形形色色的面貌。表 10.1 列舉我們的受訪者提及的霸凌行為。

看完這張清單後問自己：有任何上述行為發生在我或同事身上嗎？答案是「有」的話，

誰該負責？要找出施暴者有多容易？你認為他們的行為是故意的，或誤會造成的？

表中所有行為都可能構成霸凌。霸凌問題專家費爾德（Tim Field）提出「連續惡霸」（serial bullies）一詞：問題不必然在你——如果沒有你，他們很可能欺負別人。慣性惡霸會展現出表 10.2 列舉的行為。

表 10.2 的最後一點——「但也能展現魅力且貌似可信」——很重要。我們的諮詢經驗發現，其他人常覺得有「惡霸」稱號的人——通常是底下人取的——有魅力、成功又好相處。惡霸因

表 10.1

- 雞蛋裡挑骨頭
- 吹毛求疵
- 暗地中傷
- 孤立人
- 排擠人
- 偽善
- 口是心非
- 捏造故事和問題
- 扭曲事實
- 不斷苛求
- 濫用懲戒處分
- 因瑣碎理由予口頭或書面警告
- 不當解雇
- 刻意找某人的碴
- 邊緣化別人
- 貶低他人
- 羞辱人
- 咆哮
- 語帶威脅
- 給予超載的工作負荷
- 給予無足輕重的工作
- 增加責任卻削減職權
- 拒不給假
- 不批准受訓
- 訂不切實際的目標和期限
- 不承認完成任務者的功勞

為這種惑眾的本事常能逍遙事外。這種特質使他們在未遭霸凌待遇的人裡擄獲大批追隨者。受害者剛開始被讚美、信任和建言所吸引，養成依賴心理，且常有意取悅對方。此時，兩者關係危機四伏。惡霸收回信任和偏坦，開始貶抑詆毀，出現惡意行為。

慣性霸凌通常遵循兩階段模式。第一個階段是控制和征服——此時，惡霸使用上述的部分或全部手段，打擊受害者的自尊、自信和自我價值。第二個階段是消滅——將受害者從團隊或公司趕出去。然後通常會有一段空檔，接著再找另一個受害者下手。

表 10.2

他或她…

- 強迫性撒謊
- 選擇性記憶
- 拒絕所有要求
- 心機深、好操縱、惡毒
- 不肯聽別人說話
- 有時無法進行成熟的對話
- 缺少良知
- 不知悔改
- 權力薰心
- 不知感恩
- 製造分裂與不和
- 沒有彈性和自私
- 不體諒人
- 不誠懇
- 不成熟
- 但也能展現魅力且貌似可信

02 網路霸凌

科技創新帶來的不全是好事。職場霸凌過去十年翻倍的原因之一就是網路霸凌增加。迄今，大家常把網路霸凌連結至孩童和青少年。但霸凌形貌多變，成年人同樣脆弱，例如收到有冒犯性的電郵——即使原本只想開玩笑——也屬網路霸凌，尤其是出現不斷再犯的模式。如果電郵和附件被複製傳送給多位收件人，傷害當然會加大。我們訪問一位抱怨遭同事霸凌的人，惡霸常發送人身攻擊的電子郵件給她的團隊。還有許多案例是有人發現背後遭電郵攻訐。這時候，郵件的密件副本功能可以變成惡毒的武器。

還有人收到威脅恐嚇的電子郵件。有時外表看來無害——例如委派一件小工作——其實送件人居心叵測。如果受委派人的工作量已經到頂，而其他團隊成員還有閒暇，那麼長時間下來，這也可能構成網路霸凌。

一些部落格貼文和在社群網站的評論可能難以徹底刪除。如果附有受害人不想公告周知的個人資訊就更具危害性。簡訊也一樣——無論是具威脅性、侵略性或暗示性——都可以成為網路惡霸利用的媒介。顯然有許多惡霸結合面對面接觸和電子媒體的力量來欺負受害者，讓他們每天都躲不掉，無力招架。

03 如何對付惡霸

如果碰上霸凌，你該如何處理？這裡提供一個五點計畫：

1 承認問題。
2 增進知識。
3 以有建設性的方法正面對抗。
4 寫日記。
5 尋求協助。

第一步是要先承認問題存在。約四〇%至五〇%的人（視你看到的哪一項研究）表示，職涯曾遭遇霸凌。許多受訪者認為，霸凌問題會愈來愈惡化。

很重要的是，不要覺得丟臉、難堪和有罪惡感。雖然這是正常反應，但不僅錯誤、而且有害。這種情緒助長施虐者控制受害者默不作聲。要記住，許多人是因為工作表現好和人緣好而成為受害者；惡霸其實心懷妒恨或備感威脅。他們可能有惡霸羨慕的技能和特質，令惡霸不安，最後決定施加破壞。

承認被霸凌可能遭遇一個狀況：牽涉的行為模糊難辨，加上惡霸能言善道，你談論他們的作為時，其他人會試圖為他們開脫，讓你懷疑自己是否反應過度。引述我們訪調時一位受害者的話：「她只批評、從不讚美——從來不！而且永遠怪罪別人。連我休假時，她都能把兩件事的責任推到我身上。但當我講給別人聽時，這些爭執卻顯得很蠢。我以為一定是我的問題。」另外還有惡性循環的問題，可能更加深自我懷疑。同一個人又說：「麻煩的是我一看到她，就變得很焦慮，以為她又要開口罵人。焦慮導致我犯下更多錯誤，意味我要面對更多苛責。我覺得自己好像不會做事了。」這正是惡霸要的。所以維持客觀果斷很重要。堅持你的判斷：別讓惡霸脫身。不要讓自己變成受害者。

第二步是你要增進知識。研讀相關資訊。從勞資糾紛仲裁法庭的數量，可以證明霸凌問題急速增加。這至少意味自覺被霸凌的人有許多參考資訊。查看一下網站。處理勞資糾紛的律師說，如果受害者準備好採取行動，有許多仲裁原本可能避免。以有建設性的方法正面對抗，也許就已足夠：向對方指出他們做的事和會造成的影響。被指控的人也會擔心——甚至恐懼——別人怎麼看他們；行為是無意識的，後果也不在料想中。假使真是一場誤會，他們會覺得有必要採取立即行動來解決問題。但如果對方是慣性惡霸，那又是另一回事。

你的說詞需要資訊佐證。重點是保存登載有凌虐或不當對待事例的日記，留下相關電郵和文件副本，並搜集其他證據。接受並參與我們訪調的人整理了這樣一個檔案，包括中央監視器畫面，證明她沒有休兩小時的午休（眾多指控之一），而是遲到了三分鐘。而她很少在辦公時間休息！

從法律觀點來看，一次性事件不會被視為霸凌：你必須證明有密集的惡毒攻訐，和／或不間斷的不實指控，和／或持續詆毀你的名聲和信心。如果要證明你的說詞，就必須確實掌握這一連串事件。

同樣的，如果你被不當指責或批評，要以書面要求惡霸詳述他的指控。你必須小心措辭，儘可能不摻雜情緒。請一個信得過的朋友或同事先替你看過這封信，是否有挑釁或激烈言詞。如果對方不回應，再次發信說，你的原始要求尚未收到回覆。

你必須證明你的說法，但能找誰幫忙？你需要一個能向他求援的人。最理想的是找直屬上司，解釋事態發展以及此事對你和團隊的影響。但萬一惡霸就是你的直屬上司？如果你已嘗試抗爭，情況卻未見改善，就必須另闢蹊徑。也許可以試試下列方法：

- 向公司人事或人資部門尋求建議。
- 大多數組織現在都有處理類以問題的政策和指導原則。去要一份公司的預防霸凌和騷擾手冊。如果你還沒準備好和惡霸抗爭，也許會想謹慎進行（例如透過第三者去拿）。
- 弄清楚正式投訴程序，按規定進行。
- 許多工會知道職場霸凌的存在和影響——並同情受害人。你可以考慮找工會代表談一談。
- 有許多求助專線處理這些問題，可連絡探詢。

- 如果你的身心健康受創，連繫你的家庭醫生或公司的職能健康中心。
- 連絡律師。

不過，不難理解的是，如果你受到霸凌，可能覺得自己不夠堅強和勇敢、或者覺得吃的苦頭還不夠多到想採取上述行動。你可能認為這些行為太過激烈，或不想鬧到「人盡皆知」，寧可私了。如果是這樣，首先要做的是檢視你是否做了任何讓你容易淪為受害者的事。你是否有類似受害者的言行？你說或做過什麼，讓辦公室惡霸挑上你？你講過下面這些話嗎？

- 「絕不要抱怨。」
- 「我相信他們無意造成傷害。」
- 「可能只是我的想像。」
- 「他們一定也有自己的難處。」
- 「你還能期待什麼？」

● 「這可能是我的錯。」
● 「我猜想我應該……」
● 「我不喜歡小題大作。」

道歉過度（即使明顯的不是你的錯）、總是承擔罪責，容易有罪惡感，以及容忍度太高，都可能讓你看來像惡霸眼中的軟柿子。其他的脆弱徵兆包括：沒有主見（雖然你的行為可能有侵略性）、過分擔心別人的眼光，以及整體來說太天真。在我們的研究中，那些自評為白目者的人，遇上霸凌的機會比起其他類別高出近五〇％。此外，若惡霸受人歡迎，受害者希望被喜愛的想法會讓他們更難挺身對抗，或採取行動解決問題。

認知你也許做了讓狀況惡化的事，和承認你被霸凌一樣，都是向前跨進一大步。聽自己說的話，努力根絕任何暗示你會承擔過錯或萬般忍讓的言詞。你的作為必須更有主見（有許多相關訓練可提供協助）。要說服自己情況會改變：你再也不必忍受過去接受的待遇。

04 如果你是經理人

你的團隊有什麼樣的文化很重要。團隊文化具建設性、講和諧合作，比較不可能發生或容忍霸凌行為。即使發生衝突，也應該是健康、有創造性的。如果不是（當然總會有爭執），就應立即以建設性態度公平處理歧見。問題置之不理容易愈滾愈大。無心的旁觀者雖然只是聽抱怨和看到過份行為卻袖手旁觀，也構成共謀。

提倡「健康競爭」的團隊可能會有競爭精神過頭的狀況。這會導致暗地中傷、卸責或貶低他人貢獻等負面政治操作——如果不及早制止，很快會變成霸凌。身為經理人，如果你同意「各個擊破」的領導風格，就有鼓勵惡性競爭、製造彼此猜忌的風險。你甚至可能讓自己面臨霸凌指控。所以要留意你是否做得過頭？

就團隊裡的個人來說，重點是注意每個下屬的福祉。找尋負面壓力的跡象。務必提高警覺。如果表現變差或動力減弱，嘗試找出原因。鼓勵大家討論。以同理心傾聽。嚴肅看待各種狀況。要定期詢問「工作上有沒有問題」。同時，注意下屬的個人發展。提供各式訓練提升他們的自主性、自信心和說服力，以使他們更跨入大明星陣營，降低被霸凌的風險。

透過本章各章節，我們已經瞭解霸凌可能造成重大的創傷經驗，也說明許多受訪者認為霸凌事件正在增加，這是與艱困的經濟環境相關的焦慮和壓力所致。艱困時期可能使部分公司的員工相信必須犧牲同事來追求個人生存，表現出自私殘酷的行徑。然而我們仍有樂觀的理由。在其他公司，文化似乎造就不同反應——比較接近「合作則成功、分散則失敗」的態度，而非「狗咬狗」或「跑最慢的遭殃」！他們以齊心協力為口號，管理風格建立於達成明智共識而非命令和掌控。當然，命令和掌控的管理方式最容易包庇霸凌，而若要改變這種管理風格，必須與加強消除霸凌的勞動立法一起著手。

第11章

善用人際關係

重點不在你知道什麼，而是你認識的人。

在我們的訪調中，超過三分之二的受訪者同意這句話。不尋常的是男性和女性在這方面的看法一致。不過，如果你在私人企業做事，比在公家機關更可能認同這種看法。重要的是，根據我們的定義，你愈覺得自己精通政治，就愈可能重視人際關係。

1 人際網絡的重要性

01 人際網絡是什麼？

如果說人際關係是事業成功的最重要因素，可能一點都不為過。對許多人來說，朋友和家人是他們得到第一份工作的重要助力。有些人事業成功則要感謝四通八達的關係牽線。另外，為小孩找學校或申請大學，總會運用一點關係。在我們奮力追求更公平的英才社會之際，裙帶關係和「老派關係」確實惹人厭，但若以為它們的影響力不再，就未免過於天真。

我們的訪調證實這事；在訪談中某個時候，每個受訪者都會主動提到人脈關係是精通辦公室政治的要素。這裡引用他們說的一些話：

「我的上司精明能幹。他搜集許多資訊，可能透過分享情報交換來的。他知道誰有分量，瞭解非正式的階層關係。我從他學到不少見識。這不光是人面廣，而是在要做事時，瞭解誰在這個人際網絡裡最有影響力。」

「建立關係是精通政治的關鍵。你不必喜歡每個人，但要知道適度尊重別人。想要別人怎麼待你，就怎麼待人。」

「精通政治是指那些了解組織運作之道的人……他們在不同部門和組織都有人脈，如果不知從何下手或想找東西，就打電話給那些朋友。這常能省下好幾週的時間！」

現在情況如何呢？如果你沒進「對」大學，就該覺得前途渺茫嗎？或者，如果你家族不認識有力人士，你的職涯就注定平庸嗎？人際網絡依舊重要，但已經有了變化。根據我們的研究：

- **人際關係已變得更專業和公開**。一家大型金融服務業者在最近的年度考評中，評定約三分之二的員工有必須發展改善人際網絡技巧的需求。
- **人際網絡已變成更開放**——你不再需要進入「一流」名校或出身自「上流」家庭。因能力表現而得到獎勵的情況已變得更常見。不過，你仍然需要善於經營人脈！
- **愈來愈多各行各業的人認同他們必須發展人際交往技巧**。為什麼？因為勞動市場的流動性和不確定性升高，也因為我們被期待比過去更具創業精神、更能掌握機會，和更以解決問題為導向。

儘管男性和女性都同意人際關係對事業成功很重要，但他們對開拓人際關係的自在程度卻有差異。女性並非欠缺成為人際關係高手的技巧，問題在她們是否看重人脈。此外，她們認為男性從小就已養成建立人際關係的習慣。若進一步探究，女性比較容易覺得不該仰仗關係：寧可靠工作表現，而不「自吹自擂」。她們也比較覺得自己沒時間。在我研究專注於發展人際關係能力的女性十多年來，我發現對她們來說，更重要的是改變態度，而非培養新技巧。基於這個理由，本章稍後會討論心態問題。

人際網絡只是相識者的組合——你認識或知道的人。以最非正式的定義來看，他們可能是一起打發時間、在公司社團碰上，或晚上在爸媽家見到的人。比較正式的定義則是有共同興趣和目標的人。你在公司通力合作的同事自然屬於這一類。但這些人也可能來自公司以外，如運動場或是社團——你參與的任何活動或團體都行。

如果你要人們畫出自己的人際網絡，大部分人會畫網絡圖。把自己擺在正中間，其他關係人圍繞在外。但這是檢視人脈的原始方法。而那些跟我們有聯絡的人認識、我們自己卻不認識的是否該計算在內呢？誰和我們可能有間接關係？我們必須以比過去更寬廣的角度來思考問題。

02 為什麼要建立人際網絡？

我們已經確立人際網絡的重要性，尤其是你想要事業有成的話。但為什麼重要？人際網絡的目的為何？有五種基本類型的人際網絡：

1 **社交**
2 **資訊**
3 **興趣**
4 **形象**
5 **機會**

社交網絡和聽起來的一樣——你社交或過去因社交認識的人。這包含私生活裡的所有朋友和熟人，從小時候認識的到最近結識的。他們可能是經常見面的摯友，或從不約見面但從臉書上得知近況的連絡人。有些人嚴格劃分私生活和職場生活，兩者不重疊。其他人則會一直找機會，把社交網絡的朋友轉移到其他類別。

資訊網絡是為了得知事況進展。你可以得知最新潮流，或找人來宣揚你的構想。屬於這種人際網絡的成員，會提供給你較寬廣的視野和豐富資訊，這使你在公司成為值得結識的人。除了面對面的連絡人外，資訊網絡很適合透過社群網站來發展，例如推特（Twitter）等。資訊網絡的朋友可輕易移往剩下的另外三種類型——而且常能互蒙其利——所以要留意這種潛力。

建立**興趣網絡**的目的是讓成員之間不只分享事實和創意，還能進行其他活動。資訊雖是重要成分，但興趣網絡的成員專注在達成共同的目標。這可能是一般性的目標和渴望，例如專業團體想促進產業水準；也可能是特定目標，例如眾多金融和專業服務公司近年來自訂目標，希望增加女性高階主管的比率。在這股趨勢之下，也有許多公司建立同事網絡，為女性提供教育訓練和發展機會。

形象網絡傾向於個人性質——在對的地點被看到，和對的人聯絡等等。但也可能是要強化某一個團隊或計畫的地位。有些人覺得這種提升形象活動令人難為情——甚至有些丟臉。但生活的現實就是，高階主管有一堆直接或間接向他報告的下屬，他只記得住幾個人——任務成功也歸功於那些他看重的人。他看重的自然是那些自願多做、積極任事、把事情做好和大聲慶功的人。很重要的是，建立個人形象不要只著眼於目前工作的組織，特別是在經濟艱困的時期。像 Linkedin 等與商務有關的社群網站崛起，就證明拓展外部網絡的重要性。

最後，機會網絡是事業成功的主要支柱。這牽涉到明確設定你的長、中、短期目標，和找出協助你達成願望的人。很少高階主管職位簹用看分類廣告而來的應徵者。大多透過現有的連絡人，有些可能新近才認識。在開發新業務時，陌生電訪也不如既有網絡中的人推薦的效果好。你認識誰確實能左右事業的成敗。在二〇〇〇年代尾聲全球金融風暴期間，機會網絡呈現爆炸性的成長——而且理由很明顯。那些有能力提供機會的人都表示，喝咖啡和開會的邀約太多，通常他們只會答應有關係的人。有幾個月不連絡的人、甚至有過嫌隙的人很少獲得機會，這說明你必須及早為有生產力的機會網絡打下基礎——並避免樹立敵人！

2 檢視你的人際網絡

01 你是天生好手嗎？

這件事對你來說容易嗎？你是那種似乎永遠「認識有力人士」的人嗎？或者，你只是經常帶著幾分羨豔觀察這種行為，好奇別人怎麼有辦法認識那麼多人？就像人生中的許多事情，有人是天生好手，有人卻不行。回答表11.1的問題，測試你是否善於建立網絡。如果句子剛好能用來形容你，就給自己兩分；有點像你，則計一分，完全不像計零分。

將第一欄和第二欄得分相加，再減去第三欄得分。最高是二十四分，如果很接近最高分，你就是網絡高手。事實上，十六分以上都不錯。八到十六分還過得去，但你應該檢視你在第一欄和第二欄裡得分為零、第三欄裡得分為二的陳述，並且思考其中含意。總分若低於八，代表你完全不善於經營人際網絡。然而，就算得分低落的人也能設法進步——只要他們有意願，而且能採取符合個性和價值的做法。

表 11.1

	得分		得分		得分
1. 我接電話很快。		2. 任何新事物都讓我獲得莫大激勵。		3. 我喜歡自己解決問題。	
4. 我很容易覺得無聊。		5. 我從新聞得知誰正在做什麼。		6. 我喜歡寫信給人，勝過打電話。	
7. 我不怕要求別人支援。		8. 我總是介紹大家互相認識。		9. 我每天連絡的只限於幾個親近的同事。	
10. 我能很快把握住新機會。		11. 在宴會上，我喜歡聽別人都在忙什麼。		12. 求人幫忙讓我不自在。	
13. 我一直在留意新創意。		14. 我真的很喜歡出門走動。		15. 我形容自己是內向的人。	
16. 我知道如何使用社群網站。		17. 我樂意要求別人介紹我認識某人。		18. 我看不出我該建立網絡的理由。	
第一欄總分		第二欄總分		第三欄總分	

02 建立網絡所需的技巧與行為？

如果你想強化能力以有效建立人脈，需要何種行為和技能？

網絡關係的重點顯然全都在人。所以你需要最新資訊，知道誰是誰。對人真正有興趣將大有助益，大部分人不覺得這件事有什麼困難，但對某些人來說，要付出努力才能培養出這種興趣。到處問問，透過報導看誰在做什麼，嘗試弄清楚誰認識誰，這些都派得上用場。當然，最終目標是知道誰是有力人士，有些人覺得這樣太權謀。然而如果你的動機是利他，就沒有這個問題，只是單純擁有影響力而已。

與此相關的是，對組織變革和策略方向好奇也很重要。什麼事對事業重要，對你的影響為何，以及你能貢獻什麼？展現積極主動態度是有效建立網絡的關鍵因素。

記住別人和你溝通並非你的天賦基本權利！在許多組織裡，必須自行打探消息，不要只會坐著抱怨沒有人知會你。發問、仔細聆聽大家說話並作出合宜回應，都是有效溝通和建立網絡的關鍵元素。

其他方面包括有主見（但不是具侵略性）、知道你要什麼，和保持自信。為了確保不會做過頭，不妨問自己：你的要求是否合理、是否有利業務推展、你能否自在地提出要求。如果三件事裡只有最後一項有問題，你可能必須考慮本章稍後討論心態的部分。

03 你的人際網絡中有誰？

十年前要求大家畫出自己的人際網絡，他們通常交待得鉅細靡遺——所有聯絡人在一大張紙上！今日這幾乎不可能，因為我們認識的人太多了。所以首要之務是釐清你的特定目標。你想要廣泛提升形象，或試圖釐清職涯下一步該怎麼走？你是要為公司創造營收，或是和競爭者一較高下？能透過網絡達成的目標列也列不完。所以要弄清楚最終想要得到什麼。當然，你可能有多重目標，有些還彼此糾結。這沒有關係，只要你很清楚想要達成什麼。

然後找出誰能幫你。在一大張紙的正中間畫出你自己，然後建立能連結你與特定目標的網絡圖。把那些與你有深厚工作或個人交情的人，放在靠近你的中間位置，那些不熟的人放在較遠處。用圓圈的大小來表示特定聯絡人對協助你達成目標的重要性。把組織內外的人都畫進圖裡。完成後，把你和每個聯絡人之間都畫一條線連起來。沿著線，寫上你希望從他們那裡得到什麼，這項關係的本質和他們對你的影響。再加上你可能回饋什麼。要有想像力，不要讓故作謙虛影響了分析的正確性。最後，加入這些人彼此之間不牽涉到你的關係。請參考圖 11.1 的例子。

檢視整張人際網絡圖。你認識該認識的人嗎——或有連絡人可為你引薦需要認識的人嗎？他們在哪裡？內部相對於外部人士的比率為何？依你的

圖 11.1　建立網絡的目標：改變職涯

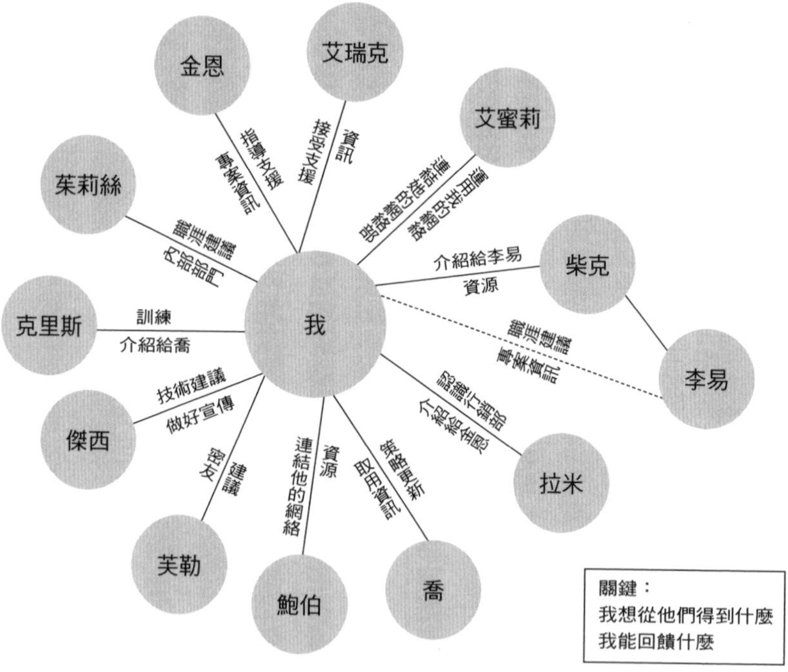

目標來看，這個比率是否合宜？一旦畫出所有關鍵網絡，也許應該將這些人作出區隔或分組。例如，誰是真正重要的人？在這些人當中，誰容易聯絡？他們可以是你的優先目標。然後你必須專攻那些不易聯絡或與你較為生疏的重要人士。你如何與這些人打好關係？你對他們的瞭解如何？他們的喜好為何？你覺得他們對你可能有何要求？根據這種需求，你能如何有效影響他們？根據這個分析，你也許希望擬定一個計畫，將優先要務列入考量。別忘記，在你專心追求目標、建立網絡之際，可能獲致其他附帶好處。例如在圖 11.1，你可能想請柴克把你介紹給李易，提供某種資源做為回報，你也可以把握機會向柴克請教別的事，你獲得珍貴資訊，柴克則樂於提供高見。

04

還有哪些人可能也在你的網絡中？

吉特爾（Ross Gittel）和維達（Avis Vidal）創造了「聚合」（bonding）和「橋接」（bridging）兩個新詞，來描述建立網絡有兩種不同類型。我們做的大多為「聚合」，在同質性高的人當中建立和維繫關係。我們所有人——不管知道或不知道——都是數個隱密網絡的一部分。網絡高手則會留心「橋接」機會，在各個同質團體間建立連結。例如，一位主管在公司有內部網絡，業界競爭的公司擔任對等職位的主管也有內部網絡。當認識雙方的第三者介紹他們彼此認識，就叫做橋接。他們為什麼會想碰面認識？也許是為了比較產品。或思考市場有無新的可能性。競爭者想結識的理由一籮筐。精明的網絡高手會先考慮潛在問題，安撫那些懷疑這場會面是否有不良意圖的人，保證目的不在另找工作或出賣公司機密！這個狀況也能適用聯絡別人的客戶、求見另一部門的高階主管，等等。我們都必須建立連結——這是日常生活的一部分——但若想超越別人，就必須找到橋接的機會。網絡高手也會留意「結構裂縫」，也就是人際網絡之間的間隙。他們會架橋跨越這些裂縫，擔起「仲介」角色。

3 強化你的人際網絡

01 建立正確的心態

如果你對拓展網絡感到不自在，無論是一般活動或是特定互動，表現可能很明顯。如果這對你造成困擾，這裡有三個技巧，可協助你建立正確心態，傳達正確印象：

● **想像你要帶給別人什麼印象**

● 從對方的角度想

● 重新建構你的想法

想像你要帶給別人什麼印象——你想要對方怎麼看你？你要他們事後如何評論你？列出你希望他們用來描述你的形容詞，然後思考該怎麼做以傳達這種印象。閉上雙眼，想像你有那樣的行為舉止。假設你大獲成功，且對互動深具信心。這樣看起來雖怪，但研究顯示，如果能詳細完整的想像你要進行的特定活動，達成目標的機會比較高。會有這種效果是因為你的「內部設定」已掌握大局。

至於從對方的角度思考，主要是發展網絡時，有太多人覺得自己處於劣勢。他們可能把對方想得太忙、太遙遠或太高高在上，不會對他們要說的話感興趣，導致覺得「我在浪費他們時間」或「太麻煩他們了」。這完全沒有建設性。通常也並非實情；如果你適當描繪出你的網絡，對方將考慮「他們可從中得到的收獲」。所以重點是正向看待聯絡人，從互利角度考慮事情。上次有人請你出手協助或給予建議是什麼時候的事？你的感覺如何？受寵若驚？開心施以援手嗎？請記住，大部分人都有相同感受。

最後，重新建構你的想法。我們在第二章介紹過這個概念，此後也多次談及。這是去瞭解你的思緒，辨認沒有建設性的負面想法，嘗試加以扭轉——理想上是一百八十度反轉——讓你擁有正面心態。表 11.2 針對建立人際網絡列舉出一些例子來幫你。

最後，如果可能，儘量不要把所有的希望放在一個人身上。如果你同時有好多機會，聽起來比較不會太絕望！牢記你不是在求職或要業績，而是在做研究、尋求建議或找聯絡人。大部分生意人都會這樣作——也知道這是成功的基礎。

表 11.2

不具建設性的負面想法	重新建構的正面想法
他們沒時間處理這事。	他們當然有時間；所以他們願意見我。
我覺得自己資歷太淺。	我們都是成年人，也是同事。所以我們是平等的。
我不好意思求人幫忙。	我完全有權請求（何況，這符合公司的利益）。
他們讓我覺得備感威脅。	我有能力應付這個人——而且我有充分準備。
萬一他們說不……	他們多半不會拒絕，果真如此也無妨——至少我問過。
萬一別人把我當馬屁精——或我去找的人這樣覺得呢？	我的動機不會讓我不自在，我也不在乎別人怎麼想。

02 把握會談機會

在確定正面的心態後，重要的是讓會談順利。重點都說過，但在必須再一次強調：要清楚知道你想達成的目標，如果可能，也考慮你想要有何回報。如果你做過研究，對他們的個性和可能的回應會有大概的了解。你打算如何吊他們的胃口？你可能必須運用創意、橫向思考。

時機也是關鍵。確保你事先採取行動。開發業務網絡是要花時間的。理想上應該先培養互信，互重和共同興趣。即使你只需要對方幫個小忙或給點建議，沒有人會喜歡事情拖到最後一分鐘的壓力。

會談時間長短也很重要。許多大忙人的行事曆以三十分鐘為單位——他們一整天都在開會。所以你比較可能爭取到三十分鐘而非一小時。

你要如何定位這次會談？大部分的人先以電子郵件聯絡，對方同意會面後可以大概知道你想談什麼。但不要假設他們會記得；你的開場白必須簡潔明確。詢問他們希望這次會談有何收穫，將有助你們有平等的立足點——不只他們對你施惠。

開場白以外，還應該想清楚你一定要問的問題。但請小心，問兩個問題，加上聆聽和回答對方問話，差不多就要花半小時——或更久！務必把你要問的事寫成清單：如果你的聯絡人不善於溝通，這張清單將很有價值。但釐清哪些是必要問題，哪些「有也不錯」。有一個永遠管用的問題是，請教他們是否認識任何能幫你的人。

面對面會談時，要建立融洽氣氛、進行眼神接觸，並研究對方的肢體語言。這些都是留下好印象的重要因素。

成功的會談——開啟深厚的業務關係——你的行為舉止必須恰到好處。參考圖 11.2。

會談進行中，你可能想知道自己的表現如何。是否緊張到話太多？或者講得不夠？你會絞著手說奉承話嗎？或趾高氣昂沒半點敬意？許多網絡高手用「上堆法」（Chunk up），將討論向上升級至較高層次以找出共同點。「這是什麼的一部分」、「這是什麼的癥兆」、或「如何與那項策略配合」等問題，都有幫助。

當然，會談告終時需要「下切」（chunk down），這牽涉到後續步驟的討論——進入具體細節。

務必管理好時間。不要超過你要求的時間。除非他們有意繼續你們之間的討論。你也不該將任何待完成事項留給他們。這是你的計畫，該由你負責後續活動。

會談之後，寫信感謝你的聯絡人，適當摘述後續發展。這是禮貌，讓他們將來還願意幫你。也許他們會考慮為你介紹別人。書面謝函意味你會留下較深刻的印象。

圖 11.2

- 避免過度恭順
- 確立你對此次會談的目標
- 專注在你的業務
- 開口說話（設法讓你的發言不要超過 50%的時間）

- 避免目中無人
- 確立他們想自此次會談得到的收穫
- 專注在他們的業務
- 聆聽（雖然有些人須被說服才能敞開心胸）

03 積極參加活動

很多人害怕拓展人際網絡的活動。每週參加兩到三次雞尾酒派對的高階女主管說，「我真的很怕這種活動。我不喜歡陌生人，很討厭走進不認識半個人的場合。但我照做不誤。大家說我擅長此道。」關鍵不是她的能力或表現，而是她的感受。所以參加活動時，正確心態最重要。前面談到的重新建構會有幫助。

你必須確知你的理由。你是想培養聯絡人、爭取會談、提升形象，或只想玩得開心？從生意角度看，最後一點可能不是獲利最大的目標，但偶一為之也合情合理。例如，在歡送派對中，參加者可能只想享受快樂時光，不想被算計。要讓參加這個活動從專業角度上看值回票價，你也許會想留給別人還想再見到你的感覺。目標明確將有助你決定策略。

事前準備是關鍵。你知道誰可能出席嗎？如果知道，你想見哪些人？針對每個人，你必須思考：①想達成何種目標，②要如何接近他們。當然，你的計畫不見得要付諸實行；也許有人可以從中引薦。但欠缺機緣時，準備好攀談的話題會有幫助。

你若能培養出吸引別人加入對話的本事，自己也受惠。這有兩大目的：

- **讓其他人融入，否則他們可能覺得被排擠或不自在。**
- **降低你陷入一對一談話而不能抽身離開的風險。**

在這方面，如果情況需要，你知道該如何抽身嗎？儘管有些人覺得這事聽起來「卑劣」，但你出席是有目的的，你必須見到所有計劃接觸的人才算達成目標。所以，把所有時間花在一個人的身上是不智之舉——當然，除非你發現兩人的對話遠超過你的期望，提供了豐富機會。老實說，別人都期待你會往前移動！你這樣做可能是在幫他們的忙。說聲「很高興和你講到話，但請原諒我失陪，因為我答應和某某人聊聊近況。」應該蠻簡單的，雖然有些人覺得這是艱難任務，有點失禮。但其實並不會！

所以，設法放輕鬆，不要努力得太過頭。真心誠意做自己，別扮成不是你的人。牢記你的目標。嘗試讓參加的活動值回票價。

活動結束後，最緊要的事是後續追蹤。有些人習慣一離開會場就記錄剛才的所有行動，所以他們不會忘記任何事或任何人。另外，你說過的話要算數。如果你答應寄一份報告給別人，就要寄出去！承諾去喝咖啡，就排入行事曆，即使那是六週後的事。有意識地檢視你的作為，時刻牢記後續追蹤也該構思計劃。如果是與人共進午餐，你的目標是什麼？如何讓關係更進一步或擴大機會？發展網絡雖不是高深的火箭科學，但仍是需要紀律和精力的技能。

04 善用社群網站

在我寫本書之際，臉書（Facebook）的活躍用戶已超過七．五億人。用戶提供相片、興趣、聯絡方式和其他個人資訊，建立豐富的個人檔案。他們發布的「更新消息」會出現在網頁中間的動態消息欄，朋友都看得到。臉書不只是個人工具。商家也能免費設立專頁，用來推廣商品和服務。他們可以藉此說明業務內容、創造廣告效果、邀請大家參與活動。用戶可邀朋友或其他商家為某個頁面按「讚」，並希望朋友的朋友也為他們推薦的頁面按「讚」。企業頁面通常開放給任何臉書用戶按「讚」，使用搜尋功能就找得到。

和臉書個人帳號的用戶一樣，企業也可以更新狀態和上傳影像，按過「讚」的人在動態消息欄中就能接收新消息。這可用來當做行銷工具，宣傳特價活動，或只是提高對商家的認知，獲得更多的「讚」。臉書另外提供「洞察報告（insight）」的工具給商家，以便了解有多少人對他們按「讚」和關注他們的動態更新，協助商家獲知哪些狀態更新的互動效果較佳。

身為企業專頁用戶，更新臉書狀態的重點是儘可能讓更多的人覺得興味盎然，且更新頻率必須恰當。大家能接受的頻率介於每週一次至每日兩次之間，端視你的特定需求。次數過於頻繁會被視為發送垃圾。頻率太低會被遺忘。不管是哪一種，都可能導致「取消按讚」，永遠失去一個潛在聯絡人。

案例研究

二〇〇九年，當臉書逐漸崛起為熱門行銷工具時，我決定設立一個企業專頁。就只是試試看——反正免費！大企業有數千人按「讚」，而我的企業專頁目前只有一百多個「讚」！我還得加把勁！儘管如此，透過臉書我獲得朋友推薦給其他朋友和企業，認識許多新的聯絡人，也因此接到新工作，所以我覺得截至目前為止獲益良多。

LinkedIn的成立純為專業目的。全球約有一．二億用戶，是成長最快的社群網站之一，《財星》（*Fortune*）前百大企業有六十九家使用。

用戶創造一個個人檔案，列出所有證照資格、任職經歷和其他用戶的推薦。這包括聯絡人訊息列表，他們與用戶有某種關係，稱為「關係」（connection）；任何人（不管用戶與否）都可以成為關係。人際網絡的建立由直接關係以及關係後面的關係（稱為二級關係）共同組成，這樣一來就能透過共同的朋友，為你介紹想認識的人。

雇主可列出待填補職缺，檢視潛在候選人的個人檔案。而想找工作的人可追蹤自己想效力的公司，檢視招募經理的個人檔案，看有沒有現成關係幫忙引薦。求職者也可以研究想應徵的公司，檢視該公司統計資料，例如員工數、職銜、男女比率。網站有「立即應徵」功能，供求職者發送個人檔案裡的履歷表。

至於如何運用LinkedIn，下列指導原則應有助益：

- 記住，你才是主角。你的品牌為何，如何能凸顯自己？請參考第十二章。
- 擬定行銷策略。你的目標是什麼？你想接觸誰，必須分享哪些資訊？
- 嘗試接觸二級和三級關係。關係拓得愈廣，愈可能找到和把握機會。
- 參加團體。這也有創造更多機會的效果。
- 突破隱形人困境、樂善好施，累積信譽。要讓大家知道你是有價值的關係，如果你幫過人，他們會比較願意幫你。
- 要求別人推薦你。
- 更新個人檔案，維持相關性和完整度。

當然還有其他社群網站能強化你的專業形象和地位，拓展生意上的人脈。儘管此處未加詳述，但許多相同原則也都能適用。你必須專注主動，向外發展，為別人做些事，也必須會請別人幫忙和引薦，做為回報。

05 認識值得結交的人

「社會的流行風潮高度仰賴有稀罕社交本領的人帶頭。約八〇%的『工作』由二〇%的人完成。」——葛拉威爾（Malcolm Gladwell），《引爆趨勢》

因此，重點是知道該和誰搭上線。誰是那些貢獻度達八〇%、值得認識的人？葛拉威爾探討了不同的人扮演的許多角色，功用都很大。首先是連結者——前面提過的仲介——將我們和世界連結起來。他們是典型的網絡經營者，消息靈通且人面廣。他們知道權力所在，了解何時該聚攏眾人。他們有和別人套交情的非凡本領。

同樣有用的還有專家。這些是資訊達人，依葛拉威爾的說法也大有助益。他們不止累積市場資訊，也願意分享和幫助別人解決問題。他們因此參與推動社會風潮。

葛拉威爾提出的第三種角色是業務員，推銷東西的人。這些魅力人物擁有強大說服力和協商技巧。他們善於讓別人點頭說是，更重要的，是樂於說是。

考慮你的網絡圖。你能否辨認出上述任何一種個性？如果可以，又該如何和他們建立交情，既可向你的目標邁進，又能讓彼此互蒙其利？同時想想你自己。你符合其中一種角色嗎？你的天份能造就成為專家嗎？或更像業務員和連結者？了解你的潛力和興趣，能協助你成為正確類型的網絡經營者。

06 維護你的網絡

你的網絡將日漸開拓和成熟。會有人離開，也會有人補位。隨著職涯發展，你接觸到的人，不管數目、範圍和交情都將成長。但聯絡人資料庫就像花園：不細心照料便雜亂無章。如果搞成這樣，唯一能做的是大幅修剪、重頭開始。

因此，你必須管理維護你的網絡。這意味定期與人連絡。頻率必須合宜！對某些人來說，偶爾一封電信就夠了——足以表示你仍舊對他們感興趣。但對其他人，可能必須固定探望以表達支持。仔細聆聽他們說話，留意他們的生活有無任何變化。嘗試瞭解他們重視什麼事。在科技稱霸的此時，有些人會因為手寫留言而感動——這花了更多心思！其他人卻覺得那是過時表現。

最重要的是專注目標。和你喜歡但不具業務利益的人連絡並無害處。畢竟這是交朋友。但誰才是能幫你達成業務目標的人？如果你剛好喜歡他們的為人，那是附帶紅利，但也許有你不樂於親近卻對你的成功至關重要的人。該如何和他們培養關係呢？帕雷托（Vilfredo Pareto）法則顯示，八〇%的收穫來自二〇%的聯絡人。因此，你可能有五、六個無論如何都必須保持聯絡的關鍵人物。決定好名單，擬定維繫彼此關係的策略。小心不要錯估情勢：最糟的莫過於死纏爛打。由於生意關係的最佳形式是以「取和予」為基礎，分析他們和你各能從雙方關係中獲得什麼。運用橫向思考，你或你的網絡也許有許多東西可以提供給對方。記住要有人情味；感情的投入和同理心極為重要。

隨著企業界不再看重利用（或濫用）商品供應商，轉而和精挑細選的組織建立策略夥伴關係，如果肯花時間積極經營網絡，你將發現自己成為優先合作對象。

第12章

留下好印象

最重要的是你的資歷、你的職位。你見到對的人嗎？你的名字出現在文件和簡報頁尾嗎？人們知道要找你做什麼——和他們真的來找你嗎？或者去找別人了？

——尼可森麥布里奇（Nicholson McBride）2011 年辦公室政治調查報告

01 第一印象

當我們和大家談到負面的政治操作時，許多人認為那代表表面功夫勝過實質內容。對他們來說，重點是表面好看，而不是真的做得好。

白目者大多認為：「為什麼要花時間吹噓自己的成就，我的成績不就是最好的證明嗎？我埋頭苦幹自然會獲得該有的獎勵。」但精通政治者知道事實未必如此；許多能力高超的人得不到褒揚和升遷。主要是他們忽視工作中重要的一部分。只把事情做完還不夠：你還必須有效溝通、贏得他人支持、凝聚眾人向心力，成為備受信賴的人。這些活動不僅有助創造正面印象，也確保出色的表現能被認可。

多年前，麥拉賓（Albert Mehrabian）提出 7/38/55 法則。他發現個人溝通的效力只有七％靠言辭內容，三八％與語調有關——抑揚頓挫——還有高達五五％取決於肢體語言。如果你要傳達訊息，說話要有感染力、全神投入，並確表情和動作和言詞一致，再加上精采的表達。

很多研究想量化留下第一印象要花多少時間。部分研究發現可能只需短短七秒鐘，特別是面對一眼就決定喜惡或成見較深的人時。可惜這些人也是一旦得罪就很難再挽回的人。有一句常被引用的話說，製造第一印象沒有第二次機會。

在這方面大部分建議都明列：做這個、做那個、不要做另一個！但你傳達的印象必須完全合乎你的人。你想要什麼形象？希望陌生人怎麼看你？想成為什麼人？你必須投射清楚而一以貫之的形象，才能有機會留下好印象。

在最理想狀況下，當你表現最好時，什麼最能定義你的特質？廣告商會這樣考量產品，但我們卻令人驚訝地極少花時間注意自己。請嘗試以下練習：

- 思考你現在擁有的——或理想中未來想擁有的——三個獨特屬性。
- 將三個特性寫在三個有交集的圓圈裡。
- 結合這些特性：把其中一個特性結合另一個的結果如何？記錄在每兩個圓圈的

交集處。

- 最後記錄三個圓的交集處。這應該能為你的個人品牌（或未來個人品牌）提供方向。

儘管尚未抵達目標，但畫出圖 12.1 的人知道，他必須傳達穩健可靠的顧問和市場評論者的印象。光是瞭解到這一點就能幫助他；在進行此一練習之前，他並不真的知道自己的方向。但此後他將能採取必要途徑以達成目標。問題牽涉到自我信念；要先說服自己，他就是那個人，才有機會說服別人。除此之外，他必須展現符合個人品牌設定的行

圖 12.1　實例解說

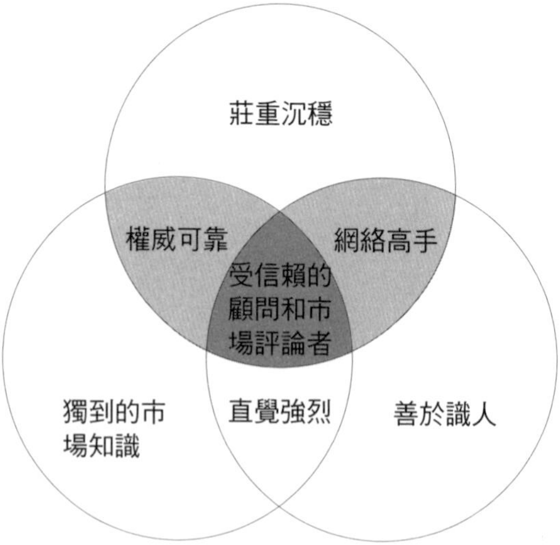

為。他也瞭解必須刻意努力以維持一致性：他每天都必須是這樣的人（至少辦公時間是）。過一陣子後，一切會變得自然而然，他不加思索就能有合宜的行為表現。

那麼，怎麼做才能讓你以正確的方式展現特質？問題的答案當然取決於正確的方式所指為何。這裡有幾個祕訣可以幫助你展現自己：

- **放輕鬆**——正確的心態大有助益。
- **呼吸**——自然深呼吸。
- **注意儀態**——挺腰站直。
- **要有氣勢**——能掌握全場的想像。
- **清晰的自我介紹**——別含糊不清；把要說的話表達清楚。
- **與人交流**——保持眼神接觸，微笑和傾聽。
- **明察秋毫**——研讀訊號並據此回應。
- **說話吸引人**——改變語速和語調，強調重要的字句。

02 改變名聲

儘管製造第一印象沒有第二次機會的說法沒錯，但很少人從沒搞砸過初次見面。但這並不是唯一必須矯正別人怎麼看你的狀況。你遲早會面對必須改變名聲的時候，只因為別人對你的看法不是你期望的，不管公平與否。

這件事就算全心全意去做都困難重重——改變別人的想法難如登天——如果你猶疑不決，更是難上加難。常有人說，這不值得一試，因為他們認為別人的記性好，很少會改變觀點。但我從事個人意見調查的工作超過二十年，知道事實並非如此——只是許多人內心有這種恐懼。這也許是不必嘗試的好藉口：你內心並不很想做這件事。也許看起來不值得花功夫，因為你也許喜歡現在的形象。又或者純粹缺乏自信，你不認為自己能夠改變名聲，原因是欠缺相關技能，或擔心以後仍會辜負別人的期望。不管有何顧慮，開始扭轉別人的觀點之前，務必克服自己的心結，而且必須確定值得你這麼做。在採取行動之前，先弄清楚「這對我有什麼好處」。

讓我們假設你已說服自己真的很想改變名聲。你必須先確認要改變什麼。許多人討論定期評量的價值，也有些人也因此幸運獲益。但在現實中，這種評量指的是多數人依照規定獲得詳細深入的個人評量，它們不但甚少實施，而且間隔很久。所以，在此同時，你應該如何得知別人對你真正的看法？首先，你對自己會有一套直覺的看法——基於你對自己的認識、別人對待你和回應你的方式。在政治氣氛濃厚的組織裡，你甚至可能聽到自己的閒話！所以，展開此一練習的做法是，記錄你目前所知別人對你的看法。儘可能誠實以對，詳列正面和負面的評價。然後加上支持性的證據——新近的成功和失敗／挫折。

完成之後還必須測試。找兩個信得過的人來問他們的意見。強調你需要他們坦誠相告。如有必要，先問他們你感覺到的評價是否正確。如果他們知道你是認真的，會比較願意敞開心胸。務必多方諮詢，包括你的上司在內，也可以向顧客徵求一些評論——最好內部和外部的顧客都問。然後把反饋意見詳實摘錄下來。哪些地方有共識？在哪個主題有人觀感和你不同——或和大家不同？理由可能為何？一旦完成分析，回答下列問題：

- **我的主要長處為何？**
- **這些長處未來對我可能有什麼助益？**
- **我的主要弱點和有待發展之處為何？**
- **這些弱點會如何阻礙我的進展？**
- **我認為回饋意見裡有哪些部分不公平／沒根據／不正確？**
- **為什麼？**
- **我對這一切有何感覺？**

進入下一階段之前，先回想上述分析，並記住下列各點：

- **思考回饋意見從何而來十分重要。**別卸責或養成忽視批評的習慣，但要考慮部分評論是否別有原因。例如，太過正面的評價也許是因為提意見的人重視你的友誼，不願意傷害你。也可能發生反面情況：太負面的評價可能與別人的情緒和動機有關，而非你的表現。

- **看自己擅長作什麼，從強項出發去計劃未來，永遠不會錯。**我們都有叛逆因子，想成為和自己不一樣的人。但我們應該善用優勢。畢竟，你雖然可以教火雞爬樹，但請松鼠來爬更省事！
- **關於你的訓練發展計畫，你真的想要精通那些技能嗎？**許多方形木樁硬被敲打進圓洞裡，因為大家以為那是升遷的唯一管道。但你確實必須具備某些性向，才能把工作做好。你最感興趣的是哪些事？
- **拿一些似乎不公平或陳舊的評價來挑戰自己。**你還有導致這類批評的行為表現嗎？如果沒有，別人為什麼說這些話？
- **探索自我的感受。你可能從中找到促成改變的強大動力。**你真的想在三個月後還因為同樣的事情而覺得受傷／挫折／生氣嗎？不要存有不管你怎麼做大家都會對你心存偏見的想法。你能有所作為，只需意志力而已！

03 人們為什麼會錯看你？

在你瞭解別人現在的觀感後，還必須建立你希望他們未來會有的認知。本章前面做的個人品牌練習，會協助你決定你的品牌基調，但你可能想更進一步分析。擬訂改變計畫的大綱：如何從別人眼中的舊印象變成新印象？這將讓你對其中差距有一個概念。接下來是如何讓改變成真。

首先要做的是：在開始說服別人他們錯看你之前，必須先確認你為什麼會有這種名聲。神經語言程式學（Neuro-Linguistic Programming）的先驅提出了邏輯層次架構的理論，如圖 12.2 所示。

這個模型可以幫你了解問題在哪個層次，以及你和別人的看法是否格格不入。圖形解說如下。

身分

雖然個性改不了，但你可以改變看自己的方法——以及別人看你的方法。老實說，改變對你很重要嗎？會觸及你是誰的核心問題嗎？如果是，這將是一個脫胎換骨的挑戰。原本受困於技術角色的會計師，若想被視為客戶關係經理，就必須重新改造自己。首先，她必須相信自己。然後她的行為舉止要能說服別人。重點在做到表裡如一；如果自己都不相信，或違背你的價值觀，那麼嘗試在別人眼裡變成全新的人就沒有意義。

信念／價值

信念和價值同樣根深蒂固。它們驅

圖 12.2

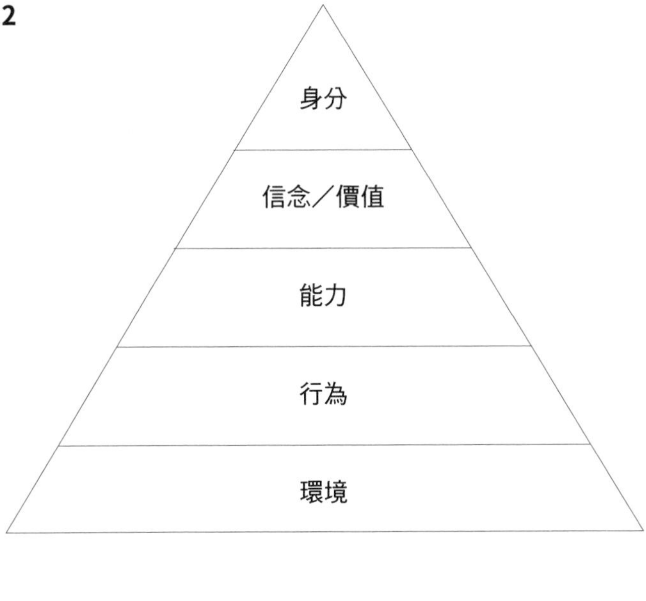

動你的行為舉止。你看重的事、你待人處事的方法，全都基於信念和價值。要改變別人對你的看法，可能要先改變自己的想法。信念可能要改變。例如，上述案例的會計師可能一直覺得，在她角色的技術層面更重要和更有趣。這是她決定的優先次序。想要成功脫胎換骨，她必須改變此一信念。如果要在這個層面做改變，重新建構的技巧就是重要工具。你可能必須重新檢視你的動機。

能力

這關係到你的核心技能、知識、專長和經驗——是你能做的事。要解決別人的批評，你必須取得新技能，強化你的能力。再拿會計師的例子來說，她可能必須在客戶處理、關係管理和施展個人影響力等方面加強訓練——工作上所有與人際有關的軟面向。或者，為了讓別人對她有不同的看法，她必須和所有給予負面評價的人互動，因此須先強化網絡技能。

行為

是別人看得到的部分，你的所作所為。不管你在更高層面（身分、信念和價值、能力）

做得如何，既然你的行為每個人都看得到，確保舉止合宜就很重要。行為取決於每個人的獨特環境，但如果你已列出想要做哪些改變的清單，就會很清楚該如何修正行為。雖然聽起來很簡單，但當然事實並非如此！你必須有紀律、有毅力。你也必須每日多次提醒自己表現新行為。

環境

這是指你周遭所有的事。包括組織文化、團隊精神——或其他人對你的評價。有時候，你的負面風評是因為你的處事方式、信念和價值觀，甚至是你的個性與環境格格不入。如果不想改變，你可能要考慮走人。但如果只需要調整別人的觀點，這時候就可以著手進行你的個人名聲再造計畫。你必須知道誰能塑造公眾意見。這些人有一些可能對你有負面評價，另一些人會支持你，還有些人對你還沒有任何看法。你必須讓誰耳目一新？對你計畫中的每一項轉變，你都必須思考如何向關鍵人士傳達那種印象。考慮以下事項：

- **有什麼證據可發揮利用？**
- **有人願意為你做擔保嗎？**

● 有接觸意見領袖的管道嗎？如何能見到他們？
● 你能採取哪些進一步的行動，不只澄清各項負面評價，而且明白展示你已經改變？
● 你是否需要採取直接行動，也就是明白告訴某個人你已經改變？
● 你需要何種回饋意見，才能對別人的看法正在改觀有信心？
● 如何利用回饋意見進一步改變他人看法？

最後兩件事：首先，要記得羅馬不是一天造成的。三百六十度回饋（360° feedback）的練習顯示，一個人舉止改變，旁人可能要數週之久才會注意到，數月之後才覺得改變可能持久，甚至要更長的時間才會在正式評量回饋中提及。由於重建名聲很花時間，特別是牽涉巨大的轉變時，所以可能有必要事前規劃時程。假設你想花六個月來扭轉觀點，一個月、三個月或更久之後，應該分別會有什麼樣的效果？預設里程碑不僅證明你走在正軌，也會讓令人望而生畏的任務變得容易管理。

第二點與挫敗有關。你可能發現部分目標未能達成預期效果，必須調整方針。或者，你覺得對自己失望——例如沒能實現行動計畫。務必把這些視為無可避免的小差錯，而非中止嘗試的理由。

案例研究

丹恩的工作之一牽涉到每月向組織最高層主管報告一次。儘管丹恩信心十足，他還是在開會前感到十分焦慮。他會做過多的準備。在報告時，他會喋喋不休，講太多細節。高層主管會充耳不聞，偶爾還會在他放投影片半途阻止丹恩繼續報告下去。在考評中，丹恩被告知他的人際關係還有很多方面得加強。他給人的印象是引不起好感、不懂策略思考，和缺乏優雅。他必須改變。從他的邏輯思考看待這件事，丹恩認為這不是身分層面的問題；在別的狀況下，他報告時表現都很好。但他的信念卻在扯他後腿：他總是告訴自己他會緊張，他會把報告搞砸，他必須鉅細靡遺交代細節才能說服聽眾他瞭解他的業務。當然，這變成自我實現的預言——他果真會緊張，會談太多細節，然後把報告搞砸。他嘗試重新架構自己觀念。他不再想自己會緊張，而是說服自己他會興奮（兩種心理徵狀很類似）。他激勵自己：我瞭解自己的業務，不需要說太多細節，他需要的只是放鬆。他想像自己坐在一張圓桌前，向親近的同事傳達同樣的資訊。這真的有用。最後，他還得解決「優雅」問題。他觀察被認為優雅的高層主管——他們如何表達、他們的穿著等等。他決定完全模仿他們並不恰當，而是必須創造自己的風格。他還提醒自己必須深呼吸，協助自己放鬆。這產生良好的效果，而且就在下一次會議就得到好回饋。現在他只需要保持下去。

04

檢查改變的結果

在進行改變計畫前，先看下列十點。你多有信心自己可以做到？你愈有把握，改變就愈可能成功。

1 你是否確定你前進的方向（願景／品牌）？
2 你是否瞭解改變的理由？
3 你是否有足夠的改變動機？
4 你是否相信改變是可能的？
5 你是否已決定什麼需要改變——以及改變要在哪個層面進行？
6 你是否已準備好面對改變可能帶來的結果？
7 你是否已想清楚你將如何衡量成功？
8 你是否認識你的聽眾？

9 你是否瞭解你必須採取的步驟？

10 你是否已考慮過該如何維繫你的動力，並克服挫敗？

如果你對這些問題的答案都是肯定的，那麼你已準備好提升你的精通技巧和你的個人品牌資產。

第 13 章

摘要

精通是參與和處理辦公室政治的能力，我們的研究顯示，辦公室政治在新千禧年已變得更加普遍，主要因為經濟衰退、改變的步調加快，以及科技對我們的工作和生活方式帶來的革命。因此人們相信，如果你想影響別人、管理職涯和實現工作抱負，精通政治操作在今日的重要性更甚於以往。辦公室政治只是把事情做好的非正式方法，可能是好的或不好的，取決於當事人的動機和做法。長期研究這個問題將讓你得以瞭解面對的個人是權謀家或野蠻人（兩種人都有負面的動機），或只是白目者（沒有心眼，但方法可能無效）。大明星是動機正確而且懂得成功達到目的的人，不管是達成企業、團隊或自己的目的。

徹底瞭解自己和別人對成功處理棘手情況極其重要。但你也必須採取積極、勇於行動的策略。把頭埋在沙裡、然後祈禱事情會自己好轉是下策，那是白目者的方法！你必須對可能惡化成問題的情勢保持警戒，並在問題發生前採取解決對策，而如果不可能解決，至少要做到有效因應。祕訣在於重新建構你的思維：與其告訴自己「我無能為力」，不如改變想法成為「我能做什麼來影響這種情況並解決問題？」

一旦你決定對事情發揮積極的影響力，你需要學習一系列技術和行為，以便真正能夠精通政治。本書的章節條列這些技術與行為，但以下是一份檢查清單，看你做得如何？

- 如果你發現工作場所的負面行為——權謀家、野蠻人甚至白目者的證據——你是否自信擁有因應他們的工具和精力？
- 你是否擁有全套發揮影響力的技巧和加強人際關係的技術，以便運用這些工具？
- 當發生衝突時，你是否能在適當的時機、以合宜的方法有效處理？
- 你是否與各種不同的人建立並維繫健全的工作關係，而這是你工作生活中正常的一部分？
- 當這些關係破裂時，你是否知道該怎麼做——包括牽涉到你個人和發生在別人身上時？
- 當與你的上司、上司的上司、甚至更高層主管對應時，你是否有足夠的技巧？
- 你能否辨識霸凌行為，更重要的是——處理它們？
- 你是否有信心在追求目標時擁有良好的人際網絡——而且你有技巧能維繫並擴大它？
- 你在組織中的名聲是否能反映你希望別人怎麼看待你？

如果這些問題的答案都是肯定的，那麼你稱得上真正的精通政治。如果不是，哪些領域是你需要改善的？你是否清楚這需要你學習新技術，或者牽涉的比較是心態的問題？你能否藉改變行為來修正，或者你需要改變看待自己的方式？瞭解需要哪個層面的發展將有助於你以最有效——也更持久——的方式解決問題。

最後，你需要發展寬廣的視野。許多我們遭遇的負面的政治操作可能極度令人感到受挫，但往後退一步，客觀衡量情勢並判斷它真正有多重要的能力極為寶貴。儘可能發揮影響力——即使只是朝正面的方向跨一小步——並嘗試別擔心你不可能影響事情，不管這種嘗試有多困難。換句話說，對變更精通保持精通。

附錄

你是哪一種政治動物？

表 A.1

	分數		分數		分數		分數
1. 藉公開讚美別人的工作，讓別人感覺受到重視。		2. 我瞭解組織中真正權力握在誰手中。		3. 我曾用不磊落的方法打敗競爭者。		4. 我總是對事情的結果感到驚訝。	
5. 我的優先目標是協助團隊達成他們的目標。		6. 我在處理不同種類的人時，會視情況採用不同方法。		7. 我認為個人的功勞獲得肯定很重要。		8. 我通常不善於耍弄政治手段。	
9. 我在顯然對別人較重要的事會妥協。		10. 我會幫別人忙，以便與他們建立關係。		11. 我會嘗試避免涉入爭議或高風險的計畫。		12. 我說的話有時候會得罪別人。	
3. 我根據自己的價值和組織的價值而行動。		14. 完全坦誠有時候不是最佳策略。		15. 有時候可以藉操縱小道消息來協助你達成目的。		16. 我的影響力不如我希望的大。	
17. 我會盡全力來保護別人免於周遭的政治操作傷害。		18. 我擅長處理複雜的人際問題。		19. 我有偶爾會扭曲事實的名聲。		20. 在處理棘手問題時，我不會太操心別人的感覺。	
21. 我避免直言不諱別人的過錯，因為那會傷害他們。		22. 我善於預期會發生的事。		23. 各個擊破是滿有效的管理技巧。		24. 我與掌權者大多沒有親近的關係。	
25. 對組織運作瞭解太少的人可能阻礙進步。		26. 資源有限，所以我經常必須爭奪經費。		27. 出差錯時，我會查明誰該負責，並讓其他人知道。		28. 如果你有強力的論據，人們通常會支持你。	
29. 如果有人犯錯，我會幫他們保留顏面。		30. 在今日的企業世界，有效的建立人際網絡很重要。		31. 我會施予他人恩惠，讓他們虧欠我。		32. 我真的懶得玩弄政治手腕。	
第一欄總分		第二欄總分		第三欄總分		第四欄總分	

「他是政治動物」是我們經常聽到的話，但有多少次你聽到有人說「我是政治動物」？創造政治的不是企業，而是企業中的人。因此一定有人很擅長它！你擅長嗎？你有多精通政治？試試做下列的測驗題，以評估你的政治精明度；你也可以上網站 www.officepoliticssurvey.com 做測驗。

表 A.1 裡的陳述代表你的觀念到何種程度？在每一則陳述中，如果你完全同意就給自己兩分；如果有點同意給一分；不同意則給零分。誠實評分——如果作弊，你只是自欺欺人！把你的分數寫在表 A.2 的圖上，記住零分是在中間。

表 A.2

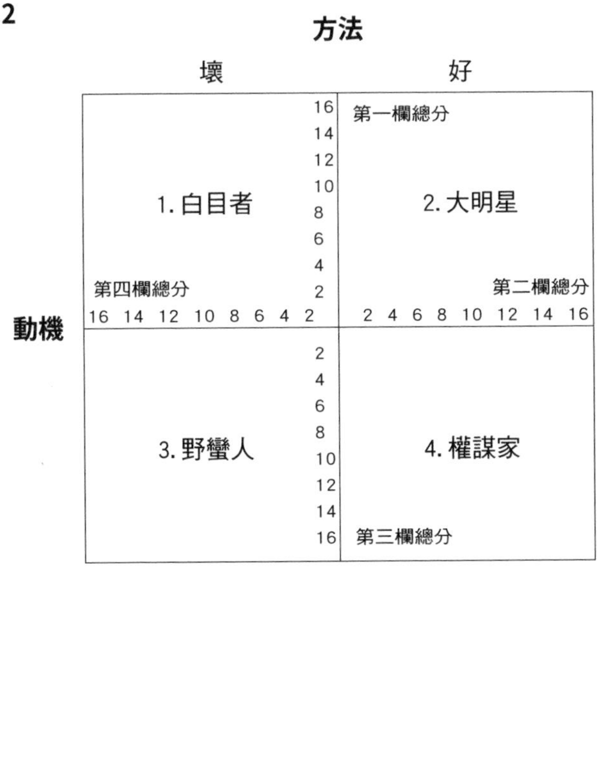

- 取你第一欄的總分，從中心點向上，在直軸適當的點上打個十字記號。
- 從中心點往右，把你第二欄的總分標記在橫軸上。
- 從中心點往下，把第三欄的總分標記在直軸上。
- 最後，從中心點往左，標記你第四欄的總分。
- 把四個點用線連起來。

任何一欄的總分若超過十二分就是高分。

第二欄高分代表你是政治動物，但你必須與第一欄和第三欄一起考量，它們代表你政治行為的動機。

第一欄得高分意味你對進步和協助團隊感興趣——有可能是明星。

第三欄與尋求個人利益較有關——十二以上的分數代表極度的權謀家／野蠻人，但八分以上就應該當心了。

第四欄得高分代表你完全不是政治動物，但你可以從學習如何達成你想要的目的而獲益。同樣的，這個分數必須與第一欄和第三欄一起觀察，亦即你的動機。

第一欄得高分代表你的立意良善，也許比野蠻人更天真無邪。同樣的，注意第三欄的分數是否太高。這些分數對你有什麼意義？利用以下的指導來瞭解你落在圖 A.1 的位置。

十足的大明星

如果你的分數落在接近圖 A.1 的位置，你對如何以正面的方法達到目的應該已經知道很多，但在這裡要有一個測驗：要求別人回答有關你的幾個問題——也許他們不同意你的看法！

真正的白目者

如果你的分數落在接近圖 A.2 的位置，你的心肯定長在正確的位置，但在提高有效性和達成更好的結果上仍有很大進步空間。

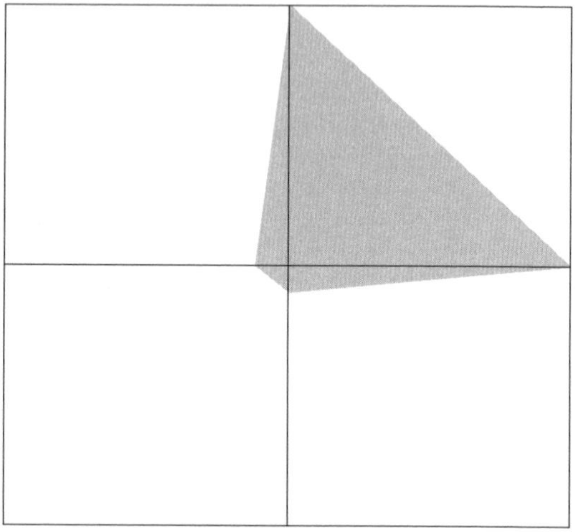

圖 A.1

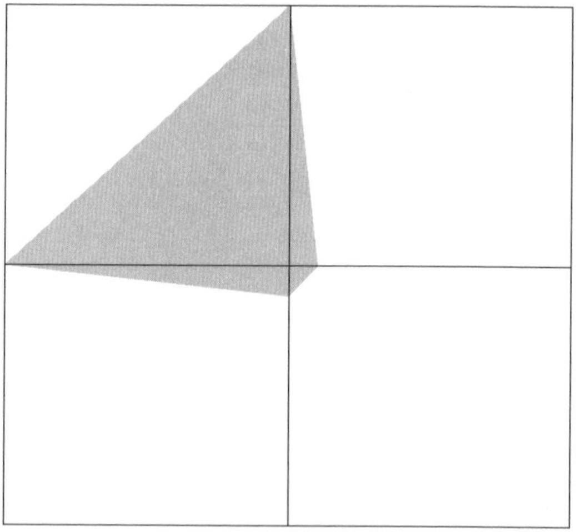

圖 A.2

終極的野蠻人

如果你的分數落在接近圖 A.3 的位置，你必須檢討你做事情的動機——和你做的方式。你想留在這個方框裡嗎？你有能力提升自己！

徹底的權謀家

如果你的分數落在接近圖 A.4 的位置，你堅信「目的可以使手段合理化」，而且精於操縱情勢和人，以達成你的目的。但你追求的是什麼？何不更善加運用你的技巧，嘗試達成對整體組織的福祉有益的事情？

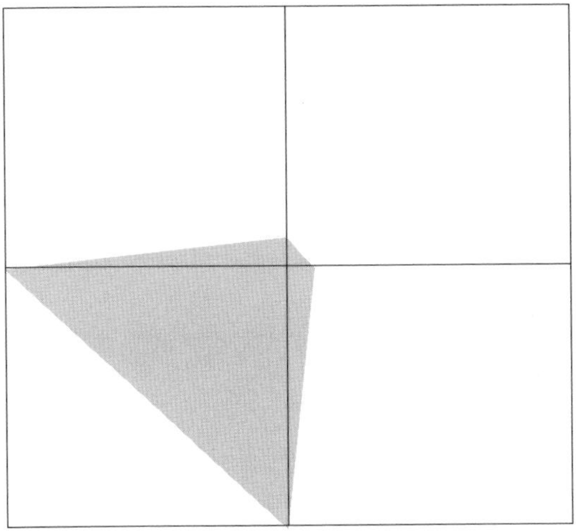

圖 A.3

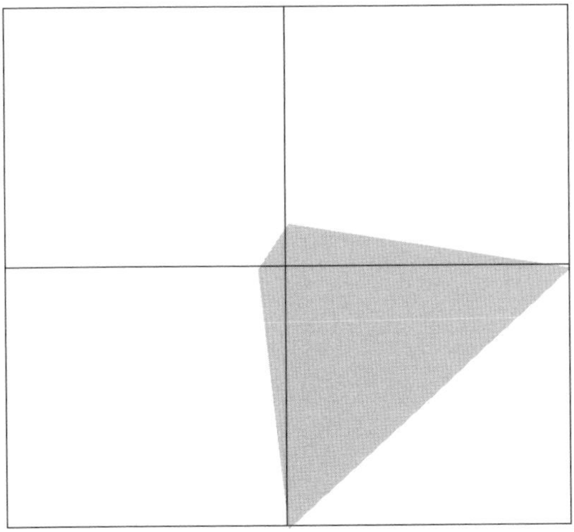

圖 A.4

標準政治動物

如果你的分數落在接近圖 A.5 的位置，你做事有效率，而且有影響力，但你的動機有時候純正，有時候並非如此。是否你對玩弄政治的興趣超過結果本身？嘗試減少以「低於標準」的行事以提升你的行為。

無能的修補者

如果你的分數落在接近圖 A.6 的位置，你喜歡把事情做好，但不知道為什麼你常適得其反。嘗試更專注於「高於標準」的做事方法，並學習以更圓滑和有效的方式達成目標。

立意良善的行動主義者

如果你的分數落在接近圖 A.7 的位置，你總是為達成使命而打拚，且往往非出於私利，但有時會以笨拙或無能的方式進行。繼續戰鬥，但也要思考如何才能達成雙贏的結果。

不可測的蛇

如果你的分數落在接近圖 A.8 的位置，你對全體的福祉不感興趣，對雙贏也提不起勁。遺憾的是，你的動機很可疑。你的行為有時候全看在別人眼裡，有時候別人很難看穿。檢討你的方法和動機。

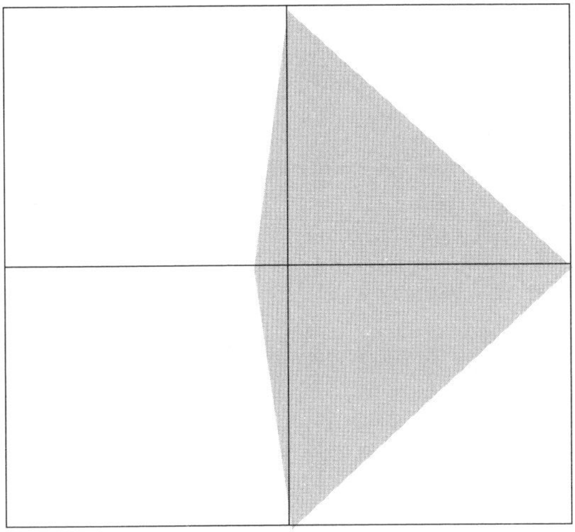

圖 A.5

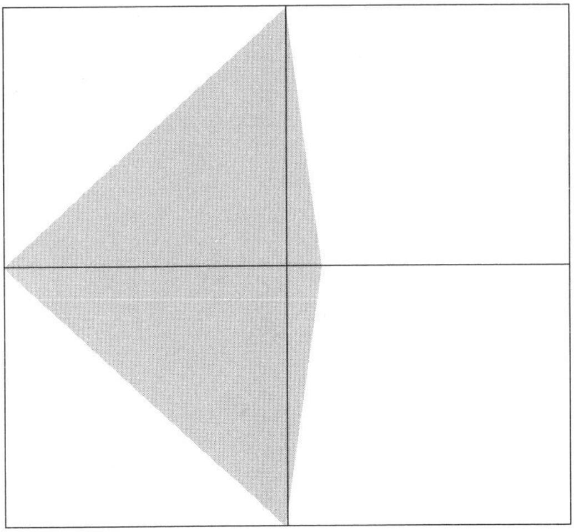

圖 A.6

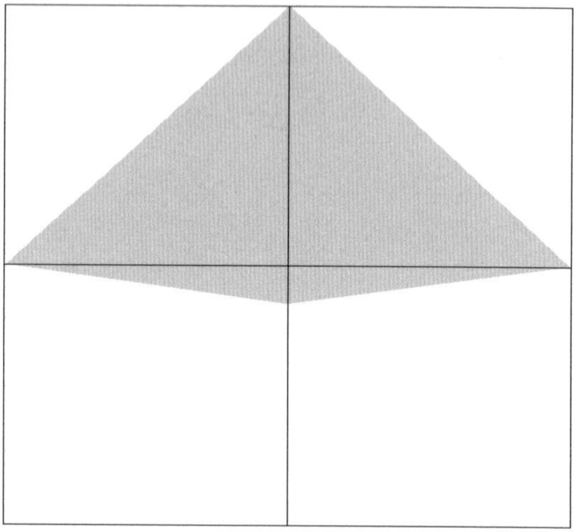

圖 A.7

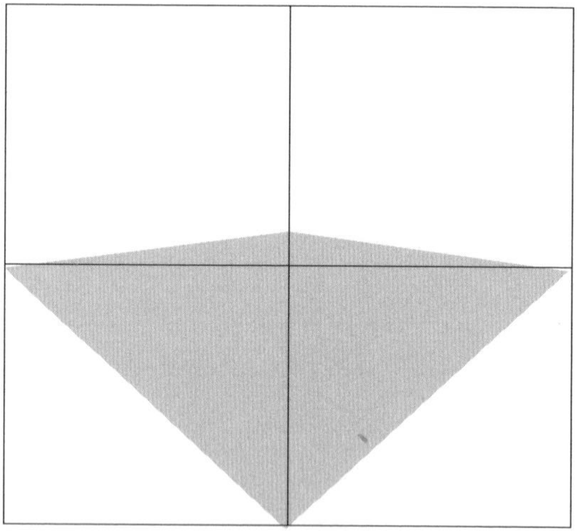

圖 A.8

被動的力量

如果你的分數落在接近圖 A.9 的位置，你不會做對別人有害的事，但你也不做對別人有益的事。你是一股被動、而非主動的力量。想想如何讓你自己變得更有影響力，當然，要專注在往圖形上方和右方的明星類別。

蟄伏的胚胎

如果你的分數落在接近圖 A.10 的位置，你有做更多事的潛力。你也有往任何方向移動的潛力。分析你如何才能以正面的方式發展你的潛力，以及如何降低無能和自私的動機。

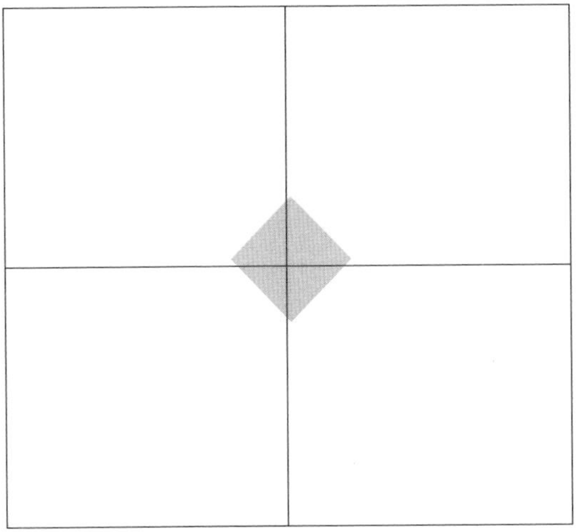

圖 A.9

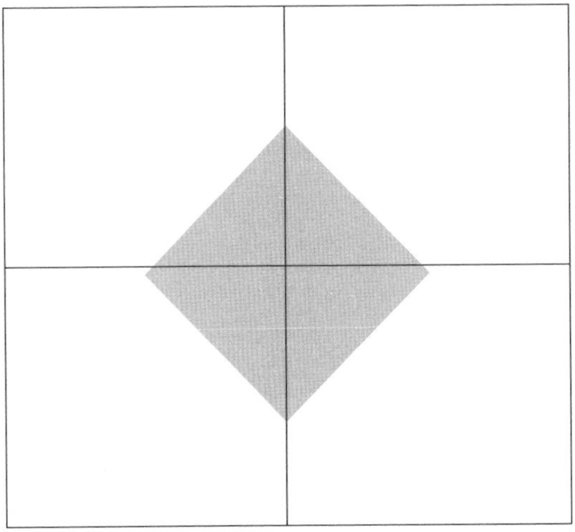

圖 A.10

失控的大炮

所有四欄都獲得高分確實很少見，但如果你屬於這個類別，就必須審慎分析你的行為。在何種情況下你會出於善意行事？什麼原因會促使你幫助別人？同樣的，什麼時候你會扮演一股影響力，什麼時候你會把事情搞砸？

上述大多數代表極端的情況，你剛好落在一個類別的可能性不高。廣泛而言，你應該降低落在圖形下半部的動機，並提升代表正面方法的評分，以改善你的有效性。但你不應只

圖 A.11

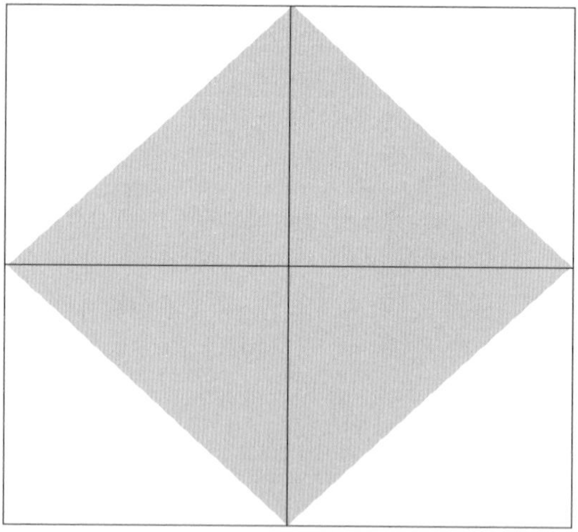

依賴這個工具。如果你剛好落在大明星陣營也不應自滿。精通政治牽涉不斷的觀察、反省和檢視情況與人。如果你想在職場上充分利用機會並把你的貢獻最大化，你必須在整個工作生活中不斷強化你的精通技巧。

跟誰都能一起工作：如何搞定職場野蠻人、權謀家、白目者和大明星／珍・克拉克 (Jane Clarke) 著；吳國卿譯 . -- 初版 . -- 台北市：時報文化，2015.07；336 面；14.8╳21 公分 . --（人生顧問；215）譯自：SAVVY: Dealing with People, Power and Politics at Work
ISBN 978-957-13-6321-9（平裝）
1. 職場成功法　2. 衝突管理　3. 人際關係

494.35　　104011408

人生顧問 0215

跟誰都能一起工作

——如何搞定職場野蠻人、權謀家、白目者和大明星

SAVVY: Dealing with People, Power and Politics at Work

作者　珍・克拉克 Jane Clarke｜**譯者**　吳國卿｜**主編**　陳盈華｜**編輯**　林貞嫻｜**美術設計**　陳文德｜**執行企劃**　張媖茜｜**董事長**　趙政岷｜**出版者**　時報文化出版企業股份有限公司　108019 台北市和平西路三段 240 號 3 樓　**發行專線**—(02)2306-6842　**讀者服務專線**—0800-231-705・(02)2304-7103　**讀者服務傳真**—(02)2304-6858　**郵撥**—19344724 時報文化出版公司　**信箱**—10899 臺北華江橋郵局第 99 信箱　**時報悅讀網**—http://www.readingtimes.com.tw｜**法律顧問**　理律法律事務所　陳長文律師、李念祖律師｜**印刷**　家佑印刷有限公司｜**初版一刷**　2015 年 7 月 10 日｜**初版二刷**　2022 年 12 月 15 日｜**定價**　新台幣 360 元｜（缺頁或破損的書，請寄回更換）｜時報文化出版公司成立於一九七五年，並於一九九九年股票上櫃公開發行，於二〇〇八年脫離中時集團非屬旺中，以「尊重智慧與創意的文化事業」為信念。